AF454709

UNE JOURNÉE

AU

JARDIN-DES-PLANTES.

IMPRIMERIE DE Mᵐᵉ DE LACOMBE,
12, RUE D'ENGHIEN.

UNE JOURNÉE

AU

JARDIN-DES-PLANTES

PRÉCÉDÉE

D'UNE INTRODUCTION

ET DE CONSIDÉRATIONS GÉNÉRALES

SUR

L'HISTOIRE NATURELLE

PAR ALEX. DE SAILLET

MAITRE DE PENSION.

Paris,

A LA LIBRAIRIE A IMAGES, DESESSERTS, ÉDITEUR,

PASSAGE DES PANORAMAS, GALERIE FEYDEAU, 15.

1840.

INTRODUCTION.

D E toutes les institutions créées par les nations dans leur amour de la gloire ou de l'humanité, la plus belle, la plus pittoresque, la plus complète, est, à coup sûr, le *Muséum d'Histoire naturelle de Paris*. Là, se trouve réuni tout ce qui peut éclairer l'esprit et le reposer, rafraîchir l'âme fatiguée du tumulte du monde, ou l'élever encore dans les plus hautes régions de la pensée. La France en est fière à juste titre, et les nations étrangères en sont jalouses ; aucune d'elles, en effet, n'a rien de comparable à nous opposer en ce genre; il a fallu des siècles, pour l'amener au point de perfection qu'il a atteint aujourd'hui; il a fallu la protection puissante des rois et des gouvernemens et une succession, pour ainsi dire non interrompue, d'hommes savans et de génies illustres qui, avec un zèle infatigable, un désintéressement sublime, ont consacré leur existence entière à cet établissement, dont la prospérité et la gloire étaient l'unique objet de leurs vœux. Ici, la pensée rappelle avec reconnaissance la mémoire de Fagon, d'Herouard et de Guy de la Brosse, ces illustres médecins du roi Louis XIII, qui, les premiers, conçurent le beau dessin d'enrichir la capitale d'un jardin botanique. Qu'il est beau de savoir ainsi employer son influence auprès des rois et des grands de la terre! Un jardin botanique dû à Henri IV, d'heureuse mémoire, existait déjà à Montpellier : on avait cru que dans une contrée méridionale, les plantes prospèreraient davantage; mais loin de la capitale, centre de tous

les progrès, de toutes les lumières, rendez-
vous de tous les savans du monde, le jardin
botanique n'avait qu'une médiocre importance; c'est ce que, dans leur zèle, Herouard
et **Guy de la Brosse** firent entendre au roi,
qui se rendit à leurs instances, institua le Jardin-des-Plantes, et l'organisa en lui affectant
un revenu particulier, par un édit qui fut
donné et enregistré au Parlement, au mois de
mai 1635. A cet effet, un terrain de vingt-
quatre arpens fut acheté dans le faubourg
Saint-Victor. Guy de la Brosse travailla avec
zèle à la prospérité de l'établissement qui
lui était confié; mais ses ressources étaient
bornées; la gloire d'élever l'institution, nouvelle encore, à un véritable degré d'importance et d'utilité, était réservée au premier médecin du GRAND-ROI; Fagon fut,
jeune encore, nommé à la surintendance
du Jardin-des-Plantes. Dès son début, il
déploya un zèle, un désintéressement qui
ne se démentirent jamais durant sa longue
carrière. Non content de voir dans l'établissement les plantes des différens pays,

il voulut lui-même, s'instruire dans les Cevennes, sur le Mont-d'Or, en Auvergne, dans le Languedoc, aux Pyrénées, aux Alpes, de l'état et du port naturel qu'elles y ont ; et quelque médiocre que fût alors sa fortune, il transporta à ses dépens les plantes qu'il savait manquer au jardin. Bientôt Tournefort vient, par sa méthode, donner un lustre nouveau à la botanique ; il en facilite l'étude, et en répand le goût ; les deux frères Laurent, et Bernard de Jussieu, soutiennent sa brillante renommée ; mais Bernard de Jussieu surpasse tous ceux qui l'ont devancé, et, par une classification basée sur la nature même des plantes, fruit de son heureux génie, secondé d'un travail opiniâtre et d'une étude approfondie, il fait de la botanique une science qui éveille l'attention du monde savant, et attire sur le Jardin-des-Plantes la bienveillance et la protection des princes. A dater de cette époque, à part de rares intervalles d'allanguissement, le Jardin-du-Roi n'a fait que prospérer. Bientôt cependant de nouveaux terrains ont été achetés, le jardin s'est agrandi, ses richesses s'accroissent tous les jours, et déjà l'espace devient trop étroit. Mais voici Buffon, plein d'un zèle généreux ; il fait un appel à tous les savans du monde, aux sociétés savantes, aux riches et aux grands, chacun répond à sa voix ; car, c'est le propre des grandes choses, d'éveiller partout des sympathies. Les galeries de botanique, qui n'étaient encore qu'un *droguier*, vont prendre le nom mérité de *Cabinet d'Histoire naturelle*. L'espace est encore trop restreint ; le grand homme, à ses frais, et pour n'en être remboursé que plusieurs années plus tard, achète des terrains nouveaux ; les anciennes dispositions sont changées, et le jardin prend une face nouvelle. Voici maintenant des serres de diverses températures, des orangeries, des carrés d'arbres toujours verts ; Daubenton, avec une science et une ardeur égales, va continuer l'œuvre de son illustre devancier. Pendant que le Jardin-du-Roi a marché de progrès en progrès, la nation aussi a marché à pas de géant ; une révolution s'est opérée ; le Jardin-du-Roi s'appelle *Muséum national d'Histoire naturelle*, et, la nation, *République française.* Dans cette secousse universelle, vous avez un moment tremblé pour notre jardin ; rassurez-vous, une grande nation ne laisse pas ainsi périr une grande œuvre ; vienne Bernardin de Saint-Pierre, et la Ménagerie des animaux, créée pour les plaisirs de Louis XIV, ainsi que celle du Raincy, dont tous les individus étaient dévoués à la mort, et dont les squelettes devaient orner le Cabinet d'Histoire naturelle, grâce à un éloquent mémoire de Bernardin de Saint-Pierre, la Ménagerie sera sauvée, recueillie au Muséum d'Histoire naturelle, et, de ses débris, naîtra la Ménagerie du Muséum.

Lacépède et Cuvier, par d'immortels travaux, lui donneront la gloire et l'importance que Bernard de Jussieu sut acquérir à la botanique ; maintenant, laissez s'élever au suprême degré des grandeurs humaines le héros d'Italie, que Buonaparte devienne Napoléon, et le Muséum va briller d'un éclat encore inconnu ; la Ménagerie va s'augmenter d'un nombre considérable d'hôtes nouveaux, étonnés de se trouver réunis de tous les points du monde.

Ce n'est rien encore : faites place dans le Muséum, l'Empereur vous fait don de ce qui lui a été donné à lui-même, la collection de Vérone et celle de la Corse ; place encore, l'Empereur vous fait don du Cabinet d'Histoire naturelle d'Amsterdam ; celui-ci on ne le lui a pas donné, il l'a pris ; c'est ainsi que, ramassant sur sa route victorieuse les monumens des arts et des sciences, il apprend à la capitale de son empire une victoire nouvelle par un présent nouveau ; car il veut que la France soit puissante, et que tout ce qui vient de lui soit grand comme lui. Dieu éloigne de nous le jour où s'éteindra son étoile ! Mais, hélas ! elle pâlit, et voici les armées de la Prusse, de l'Autriche, les Cosaques du Don, et tous les peuples qui prennent leur revanche et bivouaquent à Paris. O terreur ! un détachement ennemi se présente aux grilles du Muséum : vont-ils être sciés par le pied comme ceux de nos bois et de nos boulevards, ces arbres précieux de Fagon, de Jussieu, de Buffon? Seront-ils foulés aux pieds des chevaux, ces parterres, fruits de tant d'années de peines et d'études? Non; les empereurs de Russie et d'Autriche (grâces leur soient rendues du mal irréparable qu'ils pouvaient faire et qu'ils n'ont pas fait), avertis à temps, protégeront notre trésor scientifique; ils viendront l'admirer, et jaloux, s'efforceront en vain d'en créer un semblable. La Hollande, elle-même, extasiée devant cet admirable ensemble, par respect pour la science, n'osera pas le dépouiller, et se contentera d'un échange. La Restauration n'a pas moins fait pour le Muséum que le gouvernement qui l'a précédée : Cuvier nous a valu le *Cabinet d'Anatomie comparée*, et quelles richesses ne lui doit pas ce cabinet! Voici une autre révolution encore; mais, soyez tranquille; le nouveau gouvernement qui l'a suivie n'a pu faire moins que ses devanciers; aussi il a augmenté le nombre des parcs des animaux tranquilles; le Muséum lui doit le bâtiment des animaux féroces; la volière des oiseaux de proie, que vous irez admirer; la faisanderie, et la charmante habitation des singes. En revenant, vous jetterez un coup-d'œil sur le cabinet de *Géologie* et de *Minéralogie*, qui renferme aussi la Bibliothèque, et vous adresserez une dernière pensée de reconnaissance à l'illustre Cuvier. Après cette longue carrière, à travers laquelle nous avons suivi les vicissitudes de gloire et de dangers du Jardin-du-Roi, reposons-nous un instant sous les ombrages de la petite colline, et récréons notre esprit et nos yeux par le spectacle enchanteur qui se déploie devant nous : tout ici respire une paix délicieuse; l'âme s'émeut doucement à l'aspect de ces longues et fraîches allées ombragées, ici par de hauts marronniers et des ormes; là, par de larges tilleuls, des peupliers, des trembles; plus loin, par des acacias ou par des pins sveltes toujours verts, des cyprès, des mélèzes, des ifs et des génévriers au feuillage argenté; là, se trouvent plus de deux cents arbres et arbrisseaux

jadis étrangers, que l'on est parvenu à acclimater en France ; sur les côtés, des parterres
de fleurs nuancées de mille manières, rangées
tantôt méthodiquement par familles, tantôt
dans un pêle-mêle charmant; les parfums
délicieux, qui s'exhalent de leurs calices
entr'ouverts se mêlent à la senteur des arbres, et, par l'odorat, portent jusqu'à l'âme
leurs douces émanations ; à nos pieds,
voici le *Jardin de l'École;* c'est là qu'une
jeunesse studieuse vient, sous la conduite
d'un savant professeur, étudier la nature
vivante. Tournez-vous un peu vers le cou-
chant, sur la ronde pelouse placée à la porte
de l'amphithéâtre, l'Orangerie a disposé ses
arbres, dont la fleur virginale répand jusqu'à
vous sa modeste odeur. Quel coup-d'œil pittoresque ! Partout des arbres de cent natures
diverses attirent l'œil par la variété de leurs
feuilles, tantôt découpées en fer de lance, en
piques dentelées, tantôt ovales ou rondes ;
vastes, ici, comme un parasol, et là, menues
comme un brin d'herbe : regardez, voici
toutes les nuances du vert : le vert foncé, le

vert pâle, le vert mêlé de rouge, de gris, de bleu ; ils se présentent en bosquets, en bois, en allées ; ils affectent aussi toutes les formes ; au bas du côteau, en voici un qui penche ses rameaux en pleurs vers la terre ; à côté de nous, un autre resserre son feuillage autour de son tronc, et semble s'élancer vers le ciel ; ils sont en boule ou en cône, ou, comme le cèdre du Liban, étendent bien loin autour d'eux leur feuillage touffu. N'est-ce pas que le Jardin du Muséum est un séjour enchanteur ? L'âme s'élève là d'elle-même par la contemplation de la nature, jusqu'à son Créateur. Vous avez suivi sans doute, avec un vif intérêt, les phases du Jardin-du-Roi ; votre regard et votre esprit se sont reposés avec délices sur son ensemble attrayant ; prêtez-moi donc encore un instant d'attention, et, après avoir vu ce que les rois, les gouvernemens, les particuliers, les savans ont fait pour le Muséum, voyons ce que le Muséum a fait à son tour pour la science, l'industrie et l'humanité.

Vous avez vu le Jardin-des-Plantes nous

donner les marronniers, les acacias, les érables, etc. ; plus de deux cents espèces d'arbres et d'arbrisseaux, acclimatés d'abord dans ses enclos et dans ses serres, fleurissent aujourd'hui dans la plupart des jardins et des parcs.

Il y a cent ans, l'art du jardinier-fleuriste. ou pépiniériste, était généralement ignoré ; aujourd'hui, la plus petite ville de province possède un jardinier assez instruit pour vous classer les plantes suivant leurs familles et leurs espèces, pour en connaître l'origine et la culture. Avant Jussieu, il n'y avait point de langue botanique ; et le jardinier de Lyon n'aurait pu s'entendre avec celui de Paris par correspondance, car les noms des plantes variaient d'une province à l'autre. Grâce aux cours publics et aux correspondances du Jardin-des-Plantes, on commence à s'entendre aujourd'hui. Toutes les variétés utiles d'arbres et de plantes se sont répandues par toute la France ; et c'est ici que leurs qualités, et les soins qu'elles exigent, ont été d'abord reconnus ; celles qui s'emploient dans les arts, dont les fibres se filent, qui servent à la teinture ; celles qui sont un objet de commerce, tel que le tabac ; celles enfin qui produisent les sels alcalis, tels que la soude. Et de quelle importance, pour l'agriculture, le jardinage et tant d'autres arts, n'est pas un établissement d'où sortent chaque année plus de 15,000 arbres, arbustes, plantes vivaces, greffes, boutures, bulbes, etc., et près de 70,000 sachets de semences de différentes plantes qui, distribuées avec discernement, multiplient sur tous les points de la France des végétaux destinés à ajouter à la prospérité de plusieurs branches d'industrie, et à accroître les ressources du pauvre et les jouissances de l'homme aisé.

Citerai-je les animaux qui, transportés des zônes lointaines au Jardin-des-Plantes, s'y sont reproduits et de là répandus par toute la France. N'est-ce pas au résultat des observations faites sur nos chèvres méridionales et sur celles du Thibet, que nous devons l'heureuse idée de croiser les races. Aujourd'hui, nous avons des fabriques de mérinos et de cachemires français. N'oublions pas les cours publics, faits par les plus savans professeurs, que le Muséum d'Histoire naturelle ouvre à la jeunesse studieuse. Nous citerons seulement ceux de Chimie appliquée aux arts, de Géologie, de Minéralogie, de Culture et naturalisation des végétaux; pour donner une idée des immenses services qu'il a pu rendre, le Muséum entretient plus de trente professeurs ou aides naturalistes, vingt élèves voyageurs; occupe en tout plus de cent soixante personnes, entretient des correspondances avec cinquante Sociétés savantes.

Enfin, et pour donner une mesure un peu exacte des immenses richesses scientifiques que renferme ce vaste établissement, nous achèverons en affirmant que le simple énoncé de ce qu'il renferme, remplirait cinq ou six volumes in-8°; et le détail des découvertes qui lui sont dues et des services de toutes espèces qu'il a rendus, non-seulement à la France, mais à l'univers, en comprendrait presqu'autant !

Combien cependant de jeunes gens, conduits par une froide curiosité, ne connaissent du Jardin-des-Plantes que les fossés des ours, le labyrinthe, ou les bêtes féroces de la Ménagerie? Combien qui ne voient dans ce sublime établissement qu'un lieu de plaisir et de curiosité? N'est-ce pas rendre un véritable service à la jeunesse que de lui enseigner à voir autre chose que la forme, que l'extérieur qui l'a séduit au premier aspect? N'est-ce pas contribuer puissamment au développement des facultés morales de l'enfant, que de faire passer dans son âme la juste admiration qui doit nous saisir devant les grands monumens de la civilisation! En leur montrant combien la société a fait pour tous et pour chacun, n'est-ce pas leur enseigner la reconnaissance envers elle, les prémunir contre ces exagérations déclamatoires, devenues si dangereuses aujourd'hui, où l'ingratitude le dispute à l'absurdité? En voyant toutes les routes ouvertes à l'étude, au travail, à la bonne conduite, les encouragemens donnés à la science, au génie, au talent, ils comprennent que la société a beaucoup fait pour ses membres, que s'il lui reste à faire encore, ils doivent au moins lui savoir gré de ses efforts, et ne point imiter les insensés qui l'accusent, en jouissant de ses bienfaits, lorsqu'ils sont encore si loin de lui rendre la plus petite portion de ce qu'elle a fait pour eux.

C'est en leur disant, à chaque pas nouveau qu'ils font dans la vie : Voyez, admirez et respectez, qu'on en fait des hommes honnêtes et éclairés, de bons citoyens. Puissé-je avoir atteint dans cet opuscule, une partie de mon but, et je me trouverai bien récompensé de mon petit travail.

A. DE SAILLET.

Lion du Sénégal

Tigre de l'Inde.

LA FAMILLE LEGENDRE.

PREMIÈRE PARTIE.

 A famille Legendre était, à coup sûr, une des plus heureuses et des mieux composée. Depuis quinze ans qu'il s'était marié, M. Legendre avait vu trois fois le ciel bénir son union. Ses trois enfans faisaient son orgueil et sa joie; aussi M. Legendre, attachant une très-haute importance à l'éducation de ses enfans, s'était-il consacré lui-même à leur inculquer les élémens de la morale et des premières connaissances, autant qu'avaient pu le lui permettre ses devoirs d'employé su-

périeur dans une des principales administra-
tions publiques de Paris. M. Legendre était
convaincu que toute la suite des études d'un
jeune homme dépend de la première éducation qu'il reçoit, de l'éducation de famille. Il
la considérait comme la clé de voûte et la base
de tout l'édifice. Il y avait donc apporté les
plus grands soins, et n'avait confié ses enfans
aux mains d'un instituteur qu'après leur
avoir facilité leurs travaux à venir, par une
habitude bien prise de réflexion et de régu-
larité. Ses soins avaient porté leurs fruits.
Jules, son fils aîné, depuis l'instant où
il était entré dans une pension pour suivre
les cours du collége, avait marché de succès en succès. A l'époque dont nous allons
parler, il finissait sa quatrième au collége
Bourbon. Alphonsine, sa sœur, venait d'atteindre sa onzième année; elle se faisait déjà
remarquer par son excellente tenue, son air
modeste sans affectation, et son exactitude
à remplir tous ses devoirs. Ce n'était pourtant pas qu'Alphonsine aimât naturellement
le travail, et qu'elle trouvât du plaisir à étu-

dier sa grammaire ou sa géographie, non plus qu'à réfléchir long-temps et péniblement sur une composition qu'elle ne comprenait quelquefois qu'après beaucoup d'efforts : non, Alphonsine était née avec un caractère léger et paresseux ; elle eût bien préféré, assurément, courir dans le jardin, ou regarder les belles gravures des livres dont son père avait garni sa bibliothèque; ce n'était pas sans peine qu'elle parvenait à fixer sa pensée si mobile sur un seul objet... Mais elle aimait son père et sa bonne mère... Quel puissant mobile! et que n'en devait-on pas espérer! Voir sa mère triste ou chagrine, était pour Alphonsine un véritable malheur. Aussi, pour lui épargner le plus petit chagrin, à cette mère chérie, Alphonsine eût tout entrepris et eût surmonté tous les obstacles. Dans ses plus grands oublis, au moment où sa pensée fugitive, quittant son pupitre, vagabondait rieuse ou folâtre parmi ses jeunes compagnes, quand le souvenir ou l'attente d'une partie de plaisir, le désir d'un objet de toilette (car elle était un peu coquette, notre

Alphonsine) l'enlevait à son travail, rien que la voix de sa mère donnant un ordre à une domestique dans une pièce à côté, ou son pas, ou, moins encore, la vue d'un objet spécialement à son usage, comme un châle, un chapeau, faisaient rentrer Alphonsine en elle-même, et chassaient comme avec une baguette magique les distractions les plus séduisantes ; alors Alphonsine reprenait son travail avec autant de courage que de conscience, en se disant : « Il faut que j'étudie bien ma leçon, car je ne veux pas chagriner ma petite mère. » Voilà quelle était la pensée qui, d'une petite fille légère, paresseuse et dissipée, avait fait une enfant travailleuse et appliquée. Madame Legendre voyait avec amour les efforts constans de sa fille et l'en eût aimé mille fois davantage, si cela eût été possible. Le plus jeune des enfans de M. Legendre, Edmond, d'une santé maladive depuis sa naissance, n'avait fait que bien peu de progrès, et son père, ménageant sa complexion délicate, ne lui avait encore donné d'enseignemens que dans des conversations

propres à intéresser sa curiosité, à lui ins-
pirer le goût de l'étude, et à lui faire acquérir sans peine les premières notions vul-
gaires qui, en développant l'intelligence de
l'enfant, le rendent propre à recevoir ensuite avec fruit un enseignement plus abstrait
et plus avancé. Edmond courait donc au devant de ces douces leçons qui avaient pour
lui l'attrait du travail, sans en avoir la fatigue : c'était la rose sans les épines.

L'amitié qui unissait entr'eux la sœur et
les frères, leur respect pour leurs parens et
l'amour de ceux-ci, formaient le plus touchant spectacle, et faisaient de la maison de
M. Legendre un asile de paix et de bonheur.
Toujours au milieu de ses enfans, le bon
père saisissait, avec un égal empressement,
les occasions de leur procurer des distractions, et souvent le soir, se mêlant à leurs
jeux, il les leur rendait plus agréables et
plus doux. Mais Edmond ne pouvait guère
sauter à la corde ou courir un peu vite sans
danger; les jeux qui exigeaient force ou
adresse ne pouvaient convenir à sa délicate

complexion ; il lui fallait des amusemens plus tranquilles. Tantôt son père lui faisait cadeau d'un jeu nouveau ; tantôt il lui confiait la clé de sa bibliothèque, avec la liberté de prendre le livre qui lui plairait le mieux ; le choix d'Edmond, comme vous pouvez le croire, tombait le plus souvent sur les livres qui renfermaient les plus belles gravures, les plus jolis dessins. Un soir, quelque temps avant les vacances, assis tous trois autour d'une table ronde, les enfans parcouraient une *Histoire naturelle de Buffon*, enrichie de planches superbes. Chacun donnait son avis, et c'était plaisir de les voir déployer entr'eux leur petite science, sans morgue et sans vanité. — Oh ! vois donc, Jules, s'écria tout-à-coup le petit Edmond, quel terrible animal ; c'est un Tigre, n'est-ce pas ? — Non, c'est un Jaguar. — Ah ! oui, c'est vrai, c'est écrit au bas ; mais qu'est-ce que ça fait, *Tigre* ou *Jaguar*, c'est toujours la même chose. — Pas tout-à-fait, dit Jules en riant : c'est la même famille, et la même tribu, mais ce n'est pas le même genre. — Voilà Jules qui va faire de la science, dit malignement Alphonsine. — Si je t'ennuie, ma sœur, je suis prêt à me taire. — Pourquoi, dit le père, en se mêlant à la conversation, te tairais-tu si ce que tu dis peut servir à l'instruction de ta sœur. — Mais, papa, c'est l'heure où tu nous permets de nous amuser, et j'aime mieux voir les images que de faire un Cours d'Histoire naturelle. — Le plaisir que tu prends, ma chère enfant, doit être bien incomplet, puisque tu ne sais même pas quels sont les objets qui passent sous tes yeux. — Mais, nous savons que ce sont des animaux féroces, dit Edmond. — Oui, mon petit garçon, mais tu ne sais pas si ce Jaguar est fidèlement représenté.

Edmond. — Comment le saurais-je, puisque je n'en ai jamais vu?

Le Père. — Tu aurais pu en lire une description exacte qui t'aurait mis à même de juger dans ce cas-ci. — Puis, ajouta Jules, tu ne sais pas même où se trouvent ces animaux, comment on les prend, quelles sont leurs mœurs, ni les traits particuliers qui les

distinguent les uns des autres, de telle sorte
que tu peux te tromper en société, com-
mettre de grosses erreurs, et te faire passer
pour un ignorant. — Mais il y a tant d'animaux, objecta Alphonsine, comment peut-on
jamais venir à bout de retenir et leurs noms
et leur..... Je ne sais plus comment Jules
a dit cela. — Leurs familles et leurs tribus.
— Oui : c'est cela. — Ma chère Alphonsine,
l'étude de l'*Histoire naturelle* serait en effet
infinie, s'il fallait ainsi retenir le nom de tous
les animaux, et leurs traits distinctifs, sans
aucun autre secours que celui de la mémoire ; mais, au moyen d'une bonne *méthode de classification*, le travail se trouve
singulièrement simplifié ; écoute, et tu vas
me comprendre : on a d'abord considéré les
animaux d'après leurs ressemblances les
plus générales ; c'est ainsi qu'on a vu que
la plupart des *quadrupèdes* nourrissaient
leurs petits avec les *mammelles*, et on les a
appelés Mammifères ; mais on a remarqué ensuite que, parmi les *Mammifères*, les uns se
nourrissaient occasionnellement de viandes ;

et on les a nommés *carnassiers ;* — que d'autres en faisaient leur seule nourriture ; ceux-ci ont été nommés *carnivores ;* que ceux-ci marchaient sur la plante des pieds, et les autres sur les ongles ; alors on les a divisés en *plantigrades* et *digitigrades*, et, de subdivision en subdivision, on a classé tous les animaux suivant le plus ou moins de ressemblance qu'ils présentaient avec ceux-ci ou avec ceux-là. — Le *Tigre* doit être *carnivore*, n'est-ce pas, papa, dit Edmond?

Le Père.—Tu as bien dit, mon Edmond, le Tigre est *carnivore* et *digitigrade*.

— C'est-à-dire qu'il marche sur la..., les griffes, ajouta rapidement Alphonsine, heureuse de montrer qu'elle savait écouter, et oubliant déjà les images.

M. Legendre la regarda avec un sourire, et Alphonsine devint toute rouge de joie, en comprenant par ce regard que sa petite observation avait fait plaisir à son père. Pour mieux faire oublier son étourderie première, elle ajouta : — Oh! cela doit être bien intéressant d'étudier l'Histoire natu-

RELLE, et je veux prier Jules de m'enseigner ce qu'il en sait. — Cette fois, ce ne fut pas un sourire, mais un tendre baiser sur le front, par lequel son père la récompensa de la délicatesse avec laquelle elle venait de réparer sa brusquerie envers son frère. — Mais, interposa gravement Edmond, qui est-ce qui a vu tous ces animaux-là, pour en faire une description exacte ? — Edmond est un petit irréfléchi, qui ne veut pas penser que ces descriptions n'ont pu d'abord être complètes, puisque personne n'eût pu les voir à la fois, et que la science ne s'augmente que par les successions traditionnelles des observations. Plusieurs hommes ont fait chacun isolément des observations, et se les sont communiquées ; puis les ont laissées en héritage à leurs descendans qui y ont joint leurs propres remarques, et les ont également consignées dans des recueils ; ainsi, de siècle en siècle, la science s'est augmentée, épurée, assurée ; puis, des hommes de génie, comme Buffon, Lacépède, Cuvier, sont venus, qui, réunissant en un seul faisceau, régularisant, analysant dans une seule œuvre, les œuvres éparses de tous leurs prédécesseurs, ont fait de mille histoires détachées, une seule histoire; d'une érudition incohérente, une science immense qui embrasse la nature entière; ce qui végète à la surface, comme ce qui repose dans les profondeurs de la terre; les habitans vagabonds de l'Océan, et les animaux terribles du désert; ceux qui ont des ailes, et ceux qui vivent aussi bien dans l'air que dans l'eau. L'Autruche, l'Oiseau géant du désert, et l'imperceptible Oiseau-Mouche; l'Éléphant colossal et le Ciron microscopique, la Baleine et l'Ablette, tout a été fouillé, creusé, analysé; l'homme a voulu connaître tout ce qui peuple le monde qu'il habite; il l'a parcouru dans tous les sens, a demandé à chaque contrée tout ce qu'elle renfermait, et, par mille découvertes, a ainsi agrandi, assuré son empire, et accru le nombre de ses jouissances et de ses prospérités. — Allons, décidément, dit Edmond, je veux apprendre l'*Histoire naturelle*.

Le lendemain de cette conversation, un des

petits amis de nos jeunes gens vint les voir ;
il s'amusa, comme Edmond, à admirer les
images du *Buffon*, et notre petit garçon fut
bien surpris de l'entendre dire plusieurs fois :
L'Éléphant n'a pas les oreilles si grandes que
cela ; — le Lion a l'air bien plus terrible que
son image ; — le Zèbre n'a pas l'air si stupide.
— Par politesse, Edmond ne lui dit rien
d'abord ; mais enfin fatigué de toutes ces cri-
tiques du beau *Buffon* de son père, il finit
par lui dire : Qu'en sais-tu, si le Zèbre n'a pas
l'air si stupide ? — Mais je l'ai vu. — Tu l'as
vu ? — Oui ! — Vivant ? — Oui ! vivant. —
Où donc ? — Mais au *Jardin-des-Plantes*, où
tu peux l'aller voir comme moi, tout à ton
aise ; tu n'as donc jamais été au *Jardin-des-
Plantes*, toi ? — Si ; mais j'étais tout petit,
j'ai eu peur ; je me suis mis à crier en enten-
dant de loin le rugissement des animaux, et
maman m'a tout de suite emmené. — Tu
n'es pas brave. — Ah ! maintenant, je n'aurais plus du tout peur, dit Edmond en rou-
gissant, et il faut que je demande à mon
papa de m'y conduire.

Sitôt que M. Legendre fut revenu de ses affaires, Edmond le pria en l'embrassant de le mener au *Jardin-des-Plantes*. Je le veux bien, lui dit son père, en l'asseyant sur son genou. — Oh ! quel bonheur ! quel bonheur ! s'écrièrent ensemble tous les enfans. — Mais moi, j'y mets une condition, dit Madame Legendre. — Laquelle, maman ? — C'est qu'avant cette promenade, et afin qu'elle vous soit tout-à-fait profitable, vous serez en état, d'après les enseignemens que vous donneront Jules et votre père, de savoir *classer* tous les *êtres* suivant leurs *analogies*. — Oh ! mais nous ne pourrons jamais, dirent les enfans découragés. — Nous ne vous demandons pas les *détails*, mais seulement les *classifications* les plus *générales*. Cette première étude n'exigera qu'une légère attention, et sitôt que vous saurez vous guider un peu vous-mêmes dans l'étude de l'*Histoire naturelle*, je vous conduirai passer toute une grande journée au *Jardin-des-Plantes*. Vous y retrouverez en nature vivante ou artificielle, tous les êtres que nous aurons rapidement *classés*. Cette proposition fut accueillie avec joie, les enfans se promirent bien de hâter les instructions de leur père et de leur frère aîné, afin de retarder le moins de temps possible leur visite au Muséum d'Histoire naturelle.

CONSIDÉRATIONS GÉNÉRALES

SUR

L'HISTOIRE NATURELLE.

OULEZ-VOUS que nous commencions ce soir notre *Cours d'Histoire naturelle?* dit le lendemain le petit Edmond à son père sitôt qu'il le vit libre de ses affaires.

.— Certainement, mon ami, et je suis sûr que ton frère ne demande pas mieux.

— Voyons, Jules, c'est à toi que je laisse l'honneur d'instruire ton frère et ta sœur; c'est toi qui vas être leur professeur; moi,

je ne serai que ton auxiliaire et ton criti-
que. Ces petites leçons te feront contracter
l'habitude de parler d'abondance et sans pré-
paration en public : *Monsieur notre professeur*, nous vous écoutons.

JULES. — Il suffit de jeter un coup-d'œil
un peu attentif sur toute la nature pour comprendre aisément ses deux grandes divisions
en *règne organique* et *règne inorganique*.

Le premier renferme les corps qui jouissent de la vie, et sont doués d'*organes*
propres à la *nutrition ;* c'est-à-dire d'*organes*
au moyen desquels ils absorbent, et s'appro-
prient les matériaux convenables à leur
existence, et d'organes par lesquels s'opère la
transpiration ou *exhalaison*, et au moyen desquels ils en rejettent les débris usés. Ainsi,
il est bien évident qu'un grand Chêne est
produit par un petit gland, et qu'un énorme
Crocodile provient d'un œuf fort petit; ils
ont donc pris tous deux aux corps qui les
environnaient tout ce qu'ils ont de plus que
le germe dont ils sont issus.

Le *règne inorganique* comprend tous les

corps dépourvus des *organes* chargés de veiller à la conservation de leur être ; une autre différence encore entre les *corps inorganiques* et les *corps organisés,* c'est que les premiers tendent généralement à se diriger vers le centre de la terre, et les autres à remonter toujours à sa surface ; les premiers s'accroissent par *absorption* du dedans au dehors, et les seconds, par *agglomération* ou *superposition* du dehors au dedans.

ALPHONSINE. — Ah ! je comprends ; c'est-à-dire que, dans les hommes, les animaux, les plantes, la nourriture introduite à l'intérieur se répand dans toutes les autres parties du corps, et sert à leur accroissement.

M. LEGENDRE. — Oui ; c'est à peu près cela. Dans les animaux, l'*estomac* est chargé des premières fonctions de la *nutrition ;* chez les plantes, ce sont tantôt les racines, et tantôt les *feuilles ;* dans les premiers, on remarque la *circulation du sang,* et, dans les autres, la *circulation de la sève.*

EDMOND. — Est-ce que les plantes respirent ?

LE PÈRE. — Oui, mon ami ; mais pas tout-à-fait comme les animaux, ainsi que nous le verrons plus tard. Maintenant, Jules peut continuer, et nous parler d'abord du RÈGNE ORGANIQUE.

JULES. — Ce règne se divise en deux grandes parties : la ZOOLOGIE, qui traite des animaux, et la PHYTOLOGIE, qui traite des végétaux.

Parmi les animaux, les uns ont un *squelette* ou *charpente osseuse* qui détermine la forme de leur corps, et sont appelés *vertébrés;* de plus, ils ont le sang rouge, et sont munis de *poumons* ou de *branchies* pour respirer ; d'autres n'ont pas de forme dessinée par une *charpente osseuse;* leur *peau* est *molle et solide,* des *muscles intérieurs* leur donnent le mouvement, et la plupart sont protégés par une *enveloppe solide,* nommée *coquille;* les animaux qui composent ce second embranchement prennent le nom de MOLLUSQUES; ils ont le sang froid et incolore ; leur respiration se fait au moyen d'un organe analogue à celui des poissons, et qui est nommé *branchies.*

Le troisième embranchement de l'*Histoire zoologique,* renferme les animaux dont l'enveloppe est protégée par une suite d'*anneaux transverses* qui forment comme un squelette extérieur à l'animal, et qui ont la faculté de se resserrer ou de s'élargir suivant le besoin ; ces *anneaux* soutiennent les membres qui sont toujours articulés, et, de là, leur nom d'*articulés* ; ils ont le sang blanc et froid ; on ne leur a pas encore reconnu de véritable circulation.

Les Rayonnés, qui forment le quatrième embranchement, se composent d'animaux dont les *organes* se répandent également sur toute *la surface du corps*, comme autour d'un centre ; ils n'ont point d'*organes sensitifs*, ni de *membres articulés* ; ils ne peuvent donc changer de place, et naissent et meurent au même endroit.

Edmond. — Et d'où leur vient le nom de Rayonnés ?

Le Père. — De ce qu'ils ont un peu la forme d'une étoile, et présentent quelque ressemblance avec la disposition des pétales d'une fleur, c'est pour cela qu'on les appelle aussi Zoophites ou Animaux-Plantes.

Alphonsine. — Ainsi l'histoire du *règne organique* doit renfermer l'étude des animaux *vertébrés*, des *mollusques*, des *articulés* et des *rayonnés*; pour peu que chacun de ces embranchemens se subdivise aussi en plusieurs parties, cela sera un peu long!

Le Père, *en souriant.* — Les premiers élémens sont toujours arides; mais, quand tu les auras passés, le reste sera plein d'attraits.

Edmond. — Est-ce que Jules va bientôt nous parler des Tigres et des Lions?

Jules. — Pas encore; mais cela ne tardera pas; prends patience, et écoute-moi de nouveau :

—Comme Alphonsine l'a fort bien deviné, chacun de ces embranchemens se divise en plusieurs parties. Occupons-nous d'abord des Vertébrés, qui sont, sans contredit, les plus intéressans par le rapprochement de leur nature à la nôtre.

Les *Vertébrés* se divisent en Mammifères, Oiseaux, Reptiles et Poissons.

MAMMIFÈRES.

Les MAMMIFÈRES sont *rivipares* ; c'est-à-dire qu'ils mettent leurs petits vivans au monde, et les nourrissent avec des mamelles ; leur *sang* est *chaud*, leur *respiration pulmonaire* et *simple*, ils ont la bouche armée de dents, le corps généralement couvert de poils, et les membres propres à la marche ou à la nage.

Les MAMMIFÈRES se divisent en dix ordres.

Le premier ordre renferme les BIMANES, qui ne comprennent qu'un seul genre et qu'une seule espèce, l'HOMME, à la fois *bimane* et *bipède* ; le chef-d'œuvre du Créateur, le seul doué de la parole et de la pensée ; les naturalistes divisent ordinairement ce premier ordre en trois races :

1° La BLANCHE ou CAUCASIQUE, la plus belle, la plus progressive de toutes ;

2° La MONGOLIQUE ou JAUNE qui se fait remarquer par la platitude de la face, la saillie des pommettes, l'obliquité des yeux ; elle la barbe grêle et le teint olivâtre ;

3° La race ÉTHIOPIQUE ou NÈGRE, dont le front est déprimé, le nez écrasé, les lèvres épaisses et les cheveux crépus; elle est peu progressive, et demeure dans un état de barbarie presque constant.

Le deuxième ordre comprend les QUADRU-MANES ou SINGES; c'est la race la plus rapprochée de l'espèce humaine. Je ne vous dirai pas en combien de *familles*, de *tribus*, de *genres* et de *sous-genres*, se divise ce deuxième ordre des *Mammifères*. — Vous connaissez l'*Orang-Outang*, si semblable à l'homme, qu'il ne lui manque, pour ainsi dire, que la parole; l'*Orang-Outang* marche et s'assied comme l'homme; mais sa taille est plutôt accroupie que droite; il se sert d'un bâton pour se soutenir. Ces animaux sont graves, mélancoliques, et vivent en petites troupes dans les forêts des Indes et de l'Afrique. Le *Gibbon*, la *Guenon*, le *Sajou* et le *Sapajou*, sont les plus connus, et les plus curieux sous tous les rapports; les individus de ce genre sont du reste faciles à distinguer, par la faculté qu'ils ont de se servir aussi

Castor.

Orang - outang.

bien de leurs membres inférieurs, pour saisir les objets et les manier à leur gré, que des membres supérieurs, et c'est pour cela qu'on les a nommés *quadrumanes* (*quatre mains*).

ALPHONSINE. — Je vois que ce sont des espèces d'hommes.

LE PÈRE. — Non, ma fille ; c'est une grande erreur que de le croire. Outre le don de la parole et de la pensée qui nous séparent d'eux, ils diffèrent encore essentiellement de nous par la conformation physique ; la longueur de leurs membres supérieurs qui les rend propres à courir sur les quatre membres, l'emmanchement de leurs bras, l'absence des mollets et des talons dans les jambes, leur front tout-à-fait déprimé, l'absence des fesses et leur peu de carrure, tout témoigne de l'impossibilité de la transformation de notre race en la leur.

EDMOND. — Mais l'*homme des bois ?*

LE PÈRE. — L'homme des bois est un rêve d'imagination exaltée, dont l'ignorance des premiers voyageurs a fait une tradition pendant trop long-temps respectée, mais devenue ridicule de nos jours. Veux-tu, Jules, nous parler du troisième ordre des *Mammifères*.

JULES. — Le troisième ordre renferme les CARNASSIERS. Cet ordre est le plus nombreux de tous; car il comprend non-seulement les animaux qui ne se nourrissent que de viande, mais encore tous les *quadrupèdes onguiculés*, munis de trois espèces de dents différentes; leur ventre est dépourvu de toute poche, et leur pouce inopposable aux autres doigts; cet ordre se divise en trois *familles* :

1° Les CHEYROPTÈRES, à qui l'énorme développement de la peau sous les membres inférieurs et supérieurs, donne des espèces d'ailes ou parachutes, sont tantôt *Insectivores,* tantôt *Frugivores;* parmi les *Cheyroptères,* on distingue le *Galéopithèque* et les *Chauve-Souris;* dans ce dernier *genre,* on distingue le *Vampire,* si célèbre par les fables effrayantes que l'ignorance a débitées sur son compte; néanmoins, ces animaux blessent quelquefois les autres, et même l'homme pendant le sommeil, pour sucer leur sang; mais, dans aucun cas, les blessures qu'ils font ne peuvent être mortelles; l'OREILLARD, dont la tête imite grossièrement une mître d'évêque, par la grandeur démesurée de ses oreilles qui se réunissent au-dessus de la tête; le *Fer à cheval*, le *Fer de lance*, le *Fer crénelé*, sont aussi des *Cheyroptères*, dont le nom est emprunté à la forme de leurs têtes; nos *Chauve-Souris* ordinaires prennent le nom de *Vespertilions*;

2° La famille des INSECTIVORES comprend les *Hérissons*, dont les pattes sont courtes, la forme raccourcie et la peau garnie de piquans, assez forts pour les protéger contre tous les *Carnassiers*; les *Musaraignes*, espèce de petites souris, mais dont le museau est beaucoup plus allongé; les *Desmans*, qui se distinguent des *Musaraignes* par un museau garni d'une trompe mobile, une queue comprimée, écailleuse et des pieds palmés; ce sont des animaux aquatiques; leur longue trompe leur sert à chercher dans la vase les insectes dont ils font leur nourriture ; enfin, la *Taupe*, l'ennemie de l'agriculture ; car, bien que ne se nourrissant pas de végétaux, elle en fait périr une grande quantité en détruisant les racines pour chercher les insectes qui s'y cachent ;

3° Les Carnivores, cette *troisième famille* du troisième ordre des *Mammifères*, renferme les animaux les plus terribles et les plus féroces ; la finesse de leur odorat, la brièveté de leur canal intestinal, qui digérerait avec trop de rapidité toute autre nourriture, les obligent à se nourrir continuellement de chair ; chez eux, l'appétit sanguinaire est développé au plus haut degré. Les *Carnivores* se subdivisent en trois tribus qui comprennent les *Plantigrades*, les *Digitigrades* et les *Amphibies*.

Les *Plantigrades* sont les animaux les moins carnassiers de la famille ; la conformation de leur mâchoire et la longueur de leur canal intestinal, leur permettent de se nourrir tour-à-tour de chair et de substances végétales ; ils prennent leur nom de la largeur de la *plante* de leurs *pieds* de derrière, sur lesquels ils peuvent se tenir quelques instans debout ; les genres les plus importans que renferme la *tribu* des Plantigrades sont les *Ours*, les *Ratons*, les *Blaireaux*, ceux-ci sont remarquables par une poche qu'ils portent sous la queue, et d'où sort une odeur infecte. Bien qu'ils soient fort utiles à la campagne qu'ils purgent d'une multitude d'animaux malfaisans, on les chasse avec ardeur à cause de la beauté de leur fourrure, dont on fait des brosses, des pinceaux, des couvertures pour les chevaux de trait, etc. Les *Gloutons* qui ont la queue plus forte, plus fournie, et l'appétit sanguinaire plus développé, attaquent des animaux deux fois aussi gros qu'eux, s'attachent à leur flanc, et ne les abandonnent qu'après les avoir épuisés par la fatigue et la perte du sang.

Edmond. — Voilà de terribles animaux ; est-ce qu'ils pourraient attaquer un Tigre ?

Alphonsine. — Edmond ne pense qu'à son Tigre.

Le Père. — Eh ! bien, nous y sommes

tout-à-l'heure ; car Jules, je pense, va aborder la *tribu* des *Digitigrades*.

Edmond. — Ah ! je sais déjà que le Tigre est *Digitigrade*.

Alphonsine. — Oui ; mais sais-tu ce que cela veut dire ?

Edmond. — Et toi, le sais-tu ?

Alphonsine. — Non ; mais je ne fais pas la savante...

Le Père. — Allons ; faites taire tous deux vos petites vanités, et écoutez Jules.

Jules. — Le nom de Digitigrade a été donné aux animaux, qui composent cette *tribu*, à cause du caractère distinctif de leurs pieds qui, au lieu de poser sur la *plante*, ne repose que sur l'*extrémité des doigts;* leur appétit sanguinaire, la force de leur système dentaire, la vigueur et la souplesse de leurs muscles, leurs griffes aiguës et tranchantes, en font les plus formidables de tous les animaux.

Les *Digitigrades* comprennent : 1° les Martres, Putois et Mouffettes, véritables fléaux des campagnes, dont ils détruisent, dans les

Chacal de l'Inde.

Renard d'Alger.

basses-cours, les lapins, les pigeons, les perdrix, etc.;

2° Les LOUTRES, qui diffèrent des premiers par une queue aplatie horizontalement et des pieds palmés. Les *Loutres* établissent leurs terriers sur les bords des rivières ou sur les rivages de la mer; elles ne vivent que de poissons; elles sont, du reste, si habiles à la pêche, qu'une seule *Loutre* suffit pour dépeupler un étang. On en compte plusieurs espèces;

3° Les CHIENS. Sous ce nom l'on doit comprendre, non–seulement les diverses variétés de l'espèce domestique, mais encore d'autres animaux qui ont une grande analogie avec eux, tels que les *Loups*, les *Chacals*, les *Renards*. De tous les animaux, ce sont les plus rapides à la course;

4° Les CIVETTES, qui ressemblent un peu aux *Chats*, par leurs ongles rétractiles, et, aux *Martres*, par leur appétit sanguinaire et la forme allongée de leurs corps; elles ont aussi une certaine analogie avec le *Blaireau*, par une glande onctueuse et odorante qu'elles ont sous la queue.

EDMOND. — Ne serait-ce pas de cette glande qu'on tire le parfum nommé *civette?*

JULES. — Précisément ; ce genre renferme les *Genettes* et les *Mangoustes.*

5° LES HYÈNES se distinguent des chiens par leur taille, la position oblique de leur corps, leurs habitudes sanguinaires, et par la crinière qui règne sur leur cou ;

6° LES CHATS, de tous les *Mammifères carnivores digitigrades*, sont les plus faciles à caractériser. Leur fourrure épaisse et soyeuse, la force des muscles qui meuvent leur mâchoire, la rudesse de leur langue armée de papilles aiguës, la vigueur de leurs membres, la souplesse de leur colonne vertébrale, leur mâchoire courte, garnie de molaires toutes tranchantes, en font les plus beaux et les plus terribles des animaux. Ce genre comprend : *Le Lion, le Tigre.*

EDMOND. — Ah!... enfin !...

JULES. — La *Panthère,* le *Léopard,* le *Chat ordinaire,* le *Jaguar,* le *Cougouar,* l'*Ocelot.* Le *Lion* a été surnommé le roi des animaux.

LE PÈRE. — Il n'est pas nécessaire, Jules,

que tu nous fasses connaître tous ces animaux en détail.

EDMOND. — Oh! j'aurais pourtant bien désiré connaître les mœurs, les habitudes et les manières dont vivent le *Lion* et le *Tigre*.

LE PÈRE. — Comme j'espère que nous irons passer une journée au Jardin-des-Plantes, nous y retrouverons tous ces animaux, et nous nous en occuperons alors plus en détail. Ainsi Jules peut continuer à vous faire connaître rapidement les autres *classifications;* car, aujourd'hui, c'est pour nous la chose la plus importante.

La *troisième tribu* des *Carnivores* contient les AMPHIBIES.

ALPHONSINE. — Ah! oui, ceux qui sont Poissons, et...

LE PÈRE. — Et quoi? Les *Carnivores amphibies* ne sont pas des *Poissons*, mais des *Mammifères* pourvus d'organes qui leur permettent le séjour de l'eau comme celui de la terre.—L'ouverture de leurs narines est munie d'un muscle circulaire qui les ferme à l'eau, lorsque l'animal plonge ou nage.

EDMOND. — Mais comment respirent-ils dans l'eau ?

LE PÈRE. — Ils ne respirent pas.

EDMOND ET ALPHONSINE, *ensemble d'un air étonné.* — Mais ils doivent étouffer.

LE PÈRE. — Le Créateur a pourvu à ce qu'il n'en fût pas ainsi, et a placé au milieu de leur foie une veine très-grosse, dans laquelle l'air peut s'amasser sans inconvénient pour l'animal.

ALPHONSINE. — C'est fort singulier ; et sont-ils bien dangereux ?

LE PÈRE. — Non : car leurs pattes sont si courtes, et tellement enveloppées dans la peau de l'animal, qu'elles ne peuvent lui servir ni de défenses, ni de moteurs ; dans l'eau, elles lui servent de rames, et font de ces carnassiers des animaux nageurs, qui ne le cèdent en rien aux Cétacés eux-mêmes, pour la souplesse des mouvemens et la rapidité. Sur le rivage, au contraire, on les voit se traîner avec peine sur le ventre, à l'aide de leurs membres antérieurs, armés à cet effet d'ongles forts et tranchans.

EDMOND. — Ils ne doivent pas aimer à venir sur la terre ?

LE PÈRE. — Aussi n'y viennent-ils que rarement, et quand ils y sont forcés. La mer est leur séjour de prédilection ; car, c'est surtout dans cet élément qu'ils peuvent déployer toute leur force, et trouver facilement leur subsistance. A toi, Jules, maintenant.

JULES. — Les AMPHIBIES ne renferment que deux genres, les *Phoques*, connus aussi sous le nom de *Veaux*, de *Lions* et d'*Ours marins*, et les *Morses*, nommés aussi *Vaches marines*, différens des premiers par deux fortes dents à la mâchoire supérieure, qui forment hors de la gueule une saillie de plus de deux pieds ; on leur fait la chasse à cause de l'huile que donne leur chair, et de leur peau qu'on emploie à plusieurs usages.

Le quatrième ordre des *Mammifères* comprend : les RONGEURS ; c'est un des plus nombreux de la mammologie ; il contient tous ces petits animaux qui ont plus ou moins la forme et les habitudes de nos Rats ; au lieu de dents, ils ont sur le devant de la mâchoire supérieure et inférieure deux incisives très-fortes, larges, plates, et toujours très-affilées; le mouvement de leur mâchoire se fait d'avant en arrière; ce sont des animaux sans défense, qui n'ont la force ni de déchirer de la chair, ni même de couper leur nourriture; ils ne peuvent que la mordre, la limer, et la manger par particules très-petites, enfin la *ronger*.

Cet ordre comprend : 1° tout le genre *Écureuil*.

ALPHONSINE. — Ah ! oui, c'est vrai; je me rappelle que l'Écureuil que tu avais l'an dernier, faisait, en mangeant, la grimace que tu viens de dire; il était bien drôle et bien gentil.

LE PÈRE. — En effet, tout intéresse dans ces jolis animaux, la finesse de leur robe, la vivacité de leurs mouvemens, et surtout leur jolie queue qu'ils tiennent constamment relevée au-dessus d'eux, comme un panache. Vous savez que l'Écureuil se nourrit de noix, de glands, d'amandes; il se procure sa nourriture en sautant de branche en branche ; l'Écureuil est plein de sagacité ; il sait pourvoir à sa subsistance, et fait des provisions pour le temps où la nature ne lui fournira rien ; par une prévoyance, qui révèle un instinct très-développé, il a le soin de ne pas confier son avenir à une seule cachette ; mais il en fait plusieurs, afin que si l'une vient à être la proie de quelque voleur, il ne se trouve pas entièrement au dépourvu. Cet animal habite les climats tempérés de l'Europe et de l'Asie ;

2° Les *Marmottes.*

ALPHONSINE. — *Ma marmotte a mal aux pieds !* — Est-ce celle-là, Jules ?

JULES. — Oui, ma sœur ; rien au premier coup-d'œil ne paraît moins se rapprocher de l'Écureuil que la Marmotte.

EDMOND. — Bien certainement l'Écureuil est si joli, si vif, si léger, tandis que la Marmotte....

JULES. — Est lourde, trapue.

ALPHONSINE. — Et paresseuse, puisqu'on dit : *Paresseux comme une marmotte.*

JULES. — Mais elles ont le même nombre de dents molaires que les Écureuils, et ces dents sont tuberculeuses comme dans les Souris ; vous connaissez trop la Marmotte pour qu'il soit nécessaire de vous en faire la description ; vous savez qu'à l'approche de l'hiver, ces animaux s'enferment et se barricadent dans leurs terriers, où ils restent plongés dans un sommeil profond, sans prendre de nourriture, jusqu'au retour du beau temps ; mais, ce que vous ne savez peut-être pas, et qui est une preuve que ces animaux ont plus d'instinct qu'on ne leur en croit généralement, c'est que, dans les beaux jours du printemps, lorsqu'ils s'amusent à folâtrer à l'entrée de leurs demeures, ils ont soin de placer l'un d'entr'eux en sentinelle pour les avertir du premier danger qui pourrait les menacer. Ces *Rongeurs* se nourrissent de racines tendres ; on les trouve au pied des Alpes et dans les pays septentrionaux.

3° Les *Loirs,* qui se distinguent des Marmottes par leur taille élancée et svelte, la rapidité de leurs mouvemens, et leur queue longue et panachée comme celle des Écureuils ; pendant l'hiver, leur sommeil est si profond qu'il devient une véritable léthargie dont rien ne saurait les tirer que le retour du beau temps ; leur engourdissement est si profond, qu'on peut les toucher, les prendre et les emporter, sans qu'ils donnent signe de vie.

EDMOND. — C'est pour cela que, d'un individu qui a un sommeil profond, on dit : *Il dort comme un loir ;* jusqu'à présent, je ne savais pas ce que cela signifiait, mais maintenant je le comprends très-bien.

LE PÈRE. — Voilà encore un des petits avantages de l'histoire naturelle : c'est de nous faire comprendre une infinité de locutions, d'expressions empruntées au caractère et à la forme de certains animaux.

JULES. — 4° Les *Chinchillas* forment le quatrième genre des *Rongeurs ;* ils se distinguent des précédens par leur taille qui est presque celle d'un Lapin, la beauté et la finesse de leur fourrure.

ALPHONSINE. — Avec laquelle on fait de si

jolis objets de toilette, des manchons, comme le mien, par exemple?

LE PÈRE. — Eh! bien, tu ne te figurerais peut-être pas que ton manchon vient du Chili ou du Pérou.

ALPHONSINE. —Oh! du Pérou, papa?...

LE PÈRE. — Oui : c'est la patrie de ces jolis animaux, dont on aurait encore grande peine à s'emparer, tant ils sont bien cachés dans leurs terriers sur les montagnes, sans des chiens dressés à cette chasse, qui les prennent sans endommager leur fourrure.

5° Le cinquième genre des *Rongeurs* renferme les Rats que vous connaissez bien ; les *Hamsters*, qui passent l'hiver comme le Loir; le *Hamster* est si égoïste et si mauvais père, qu'il ne s'inquiète jamais de sa famille, et se laisse enlever ses petits avec la plus complète indifférence.

ALPHONSINE, *embrassant son père*. —Je suis sûre que tu n'aimes pas le *Hamster*, n'est-ce pas, papa? toi qui est si bon pour nous.

LE PÈRE. — Il est aussi naturel à un père d'aimer ses enfans, qu'à des enfans de se montrer soumis et reconnaissans à leurs pa-rens ; le père, qui n'aime pas ses enfans, et l'enfant, qui ne respecte pas son père , sont tous deux des monstres dans l'ordre moral.

JULES. — Ce Rat égoïste se trouve en Allemagne, en Pologne, et dans toutes les contrées septentrionales.

6° Les *Gerboises*, petits Rongeurs, ont les pattes de devant quatre ou cinq fois plus petites que celles de derrière ; ce qui les force à s'appuyer sur leur queue, qui est très-forte et très-longue. Les Gerboises se divisent en *Gerbilles*, originaires des *Andes;* en *Merio-nes,* de la grosseur d'une Souris, qui se trouve au Canada, en *Gerboas* et en *Alactagas* de l'Afrique ;

7° Les *Rats-Taupes*, qui se distinguent des premières par la petitesse, et même l'absence des molaires ;

8° Les *Castors*.

EDMOND.'— Ceux qui se bâtissent des mai-sons dans l'eau.

LE PÈRE. — Comme nous les retrouverons plus tard, il est inutile de nous en occuper ici.

JULES. — 9° Les *Porc-Épics*, assez semblables aux Hérissons, puisque leur corps est couvert, comme celui de ces derniers, de piquans ; avec cette différence que, chez les premiers, ils sont très-courts, pleins et pressés, et, chez les porc-épics, clair-semés, longs et creux comme le tuyau d'une plume.

ALPHONSINE. — J'ai entendu dire qu'ils pouvaient lancer leurs piquans assez loin ; ce qui les rendrait très-dangereux.

LE PÈRE. — C'est une erreur ; les piquans des Porc-Épics ne sont pas aussi solidement attachés à la peau que ceux des Hérissons, et tombent quelquefois lorsque l'animal est vivement attaqué, ou à la suite de ses propres efforts ; mais il n'a aucunement la faculté de les lancer.

JULES. — Leur taille, leur forme et leur manière de vivre, se rapprochent assez de celles du Lapin ; on le trouve en Espagne, en Italie, en Afrique ; une autre sorte de Porc-Épic, nommée *Cœndous*, se trouve aussi en Amérique.

11° Le dixième genre des *Rongeurs* renferme les *Lièvres*, remarquables par la longueur de leurs oreilles, la brièveté de leur queue, et la hauteur démesurée de leur train postérieur ; ces animaux sont trop connus pour qu'il soit utile de nous en occuper davantage ; on classe dans ce genre le *Tapety* du Brésil et le *Lagomy* de la Sibérie.

ALPHONSINE. — Le Tapety et le Lagomy sont-ils aussi bons à manger que notre Lièvre et notre Lapin.

JULES. — Leur chair a presque le même goût ; le onzième et dernier genre des *Rongeurs* comprend les *Cabiais*, animaux encore peu connus du Nouveau-Monde ; ils ressemblent un peu au genre précédent.

Dans le cinquième ordre des *Mammifères*, on a rangé les ÉDENTÉS.

Les animaux qui composent cet ordre, sont faciles à reconnaître, en ce qu'ils manquent constamment de dents incisives, presque toujours de canines, et souvent de toute espèce de dents. Les ÉDENTÉS se divisent en *deux familles : 1° Les Tartigrades ; 2° les Édentés proprement dits.*

Les *Tartigrades* ne comprennent qu'un seul genre : c'est celui des *Bradypes* ou *Paresseux ;* ces animaux ont les membres antérieurs démesurément longs et garnis de griffes extérieures et recourbées, si puissantes, qu'ils se les enfoncent dans la paume en marchant ; aussi ne sont-ils guère propres qu'à grimper aux arbres.

EDMOND. — J'ai lu que, lorsqu'ils ont rongé toutes les feuilles d'un arbre, ils se laissent tomber de l'arbre pour ne pas prendre la peine d'en descendre.

ALPHONSINE. — On a bien fait de les nommer *Paresseux.*

LE PÈRE. — Il ne faut pas le croire ; les *Paresseux* ou *Bradypes* ne se laissent point tomber d'un arbre, et on les a vus, même plusieurs fois par jour, y monter et en descendre ; on ne trouve ces animaux que dans les forêts de l'Amérique méridionale.

JULES. — La *deuxième famille* des ÉDENTÉS comprend les *Édentés proprement dits ;* si leur structure n'offre pas les disproportions des précédens, ils n'en sont pas moins extraordinaires; leurs membres sont courts pour leur corps, qui souvent est recouvert d'écailles; leur bouche, extrêmement petite, est dépourvue de toute espèce de dents; leur langue longue et visqueuse, est le principal instrument qui serve à leur subsistance; l'on y compte :

1° Les *Tatous*, couverts d'une espèce de carapace extérieure, comme la Tortue; 2° les *Pangolins*, qui ne diffèrent des premiers que par le manque absolu de dents, la petitesse de leur bouche et de leurs oreilles, et la longueur de leur queue; les *Fourmilliers*, qui ne sont pas couverts d'écailles, mais de poils, semblables à ceux des autres quadrupèdes, et qui ne vivent que de Fourmis, comme leur nom l'indique; 4° enfin, les *Oryctéropes* qui se distinguent des autres par leur grande taille, l'extensibilité de leur langue, la présence de dents mollaires, et la force de leurs ongles.

Le sixième ordre des *Mammifères* comprend les **MARSUPIAUX** *ou* **ANIMAUX A BOURSE,** ainsi nommés, à cause de la présence d'une poche située entre les cuisses de la femelle.

et dans laquelle ses petits peuvent se réfugier au moment du danger.

EDMOND. — Comme la Sarigue, par exemple, et le Kanguroo.

LE PÈRE. — Justement : cet ordre renferme les animaux les plus extraordinaires peut-être de la création, tels que : les *Pétauristes,* semblables aux Mangoustes par leur forme générale ; mais qui s'en distinguent par une membrane qu'ils ont étendue entre les quatre pattes, et qui leur sert de parachute ; les *Ornithorinques,* dont le museau se termine par un véritable bec corné, du genre de celui des Canards, remarquables par l'absence du pavillon de l'oreille, la petitesse de leurs yeux : la disposition de leurs clavicules, qui se réunissent à la partie postérieure du sternum, de manière à imiter la fourchette d'un oiseau ; tout dans cet animal en fait un être à part dans la nature.

Ici s'arrête la liste des *Mammifères unguiculés ;* ceux qui suivent, et dont nous allons nous occuper maintenant, prennent le nom d'ONGULÉS.

Les Ongulés se divisent en trois ordres bien distincts : Les *Pachydermes*, les *Solipèdes* et les *Ruminans*, qui forment le septième, le huitième et le neuvième ordre des *Mammifères*.

Le mot *Pachyderme* signifie peau épaisse.

Alphonsine. — Oh! le Rhinocéros est un Pachyderme bien sûr !

Le Père. — Tu l'as bien dit, ma chère enfant.

Edmond. — Et l'Éléphant donc?

Le Père. — Tous ces grands animaux sont des **PACHYDERMES** (septième ordre des *Mammifères*); il faut y joindre l'*Hippopotame* ou *Cheval marin* qui, bas sur ses jambes, marche très-mal, nage très-bien ; aussi affectionne-t-il les rivières, et le trouve-t-on toujours sur leurs bords ; il n'atteint guère que cinq ou six pieds de hauteur, et peut aller jusqu'à douze ou quinze pour la longueur ; le *Tapir*, semblable au sanglier, mais dont le *grouin* se termine par une espèce de trompe ; le *Babiroussa* ou Cochon-Cerf, et toutes les espèces de Cochons, sont de la race des *Pachydermes*.

Le huitième ordre des *Mammifères* renferme les SOLIPÈDES, animaux qui ont une grande corne au pied qui prend le nom de sabot.

Nous rangeons, parmi eux, le *Cheval*, l'*Ane*, le *Zèbre*, le *Couagga* et le *Dauw*.

Le neuvième ordre renferme les RUMINANS, ainsi nommés à cause de la disposition de leurs organes digestifs; ces animaux, après avoir trituré leurs alimens et les avoir avalés, ont la faculté de les faire remonter de nouveau de l'estomac dans la bouche pour les triturer une seconde fois, ce qui s'appelle *ruminer;* ils ont ordinairement le jabot bifurqué ; c'est-à-dire, divisé en deux parties ; plusieurs espèces ont des cornes. On les divise en *Ruminans à cornes,* et *Ruminans sans cornes;* parmi les *Ruminans sans cornes,* il faut distinguer le *Chameau,* les *Lamas,* les *Chevrotins;* ces deux derniers ont la taille d'une biche ; nous partagerons les *Ruminans à cornes* en trois petites tribus :

Les *Ruminans* à cornes *caduques;* c'est-à-dire qui tombent pour croître de nouveau, tels que le Cerf, l'Élan, le Renne, le Daim, l'Axis et le Chevreuil ;

Les *Ruminans* à cornes *persistantes*, recouvertes par la peau, tels que la Girafe ;

Enfin, les *Ruminans* à cornes *creuses*, tels que l'Antilope, la Gazelle, la Chèvre, la Brebis, le Morvan, les différentes espèces de Moutons, le Bœuf, le Bison, le Buffle, l'Euroch, dont les cornes sont creuses, bien que *persistantes*.

Le Père. — Comme nous retrouverons tous ces animaux au Jardin-des-Plantes, il est inutile, Jules, que tu nous fasses entrer dans des détails qui, plus tard, seront d'autant mieux placés que les individus seront sous nos yeux. Achève la classification des *Mammifères*.

Jules. — Le dixième et dernier ordre des *Mammifères* renferme les CÉTACÉS. Les *Cétacés* ont été long-temps à tort comptés parmi les Poissons ; leur forme extérieure semblait encourager cette erreur ; une étude plus approfondie, a appris aux naturalistes qu'ils devaient les ranger parmi les *Mammi-*

fères ; la *génération vivipare,* la *respiration par des poumons, leur cœur double et la présence des mamelles à la partie inférieure du corps,* sont autant de caractères qui les rapprochent des *Mammifères ;* **et** l'on doit en être convaincu, surtout en examinant la conformation osseuse de leurs membres, comme dans la Baleine, par exemple.

JULES. — Les membres de la Baleine !

LE PÈRE. — Oui, sans doute ; ce qui te paraît des nageoires dans cet animal, n'est autre chose que des membres fort raccourcis, dont les doigts sont enveloppés dans une membrane tendineuse qui les rend très ressemblans à des nageoires.

ALPHONSINE. — Mais comment font-ils pour vivre dans l'eau, s'ils respirent comme les autres Mammifères?

LE PÈRE. — Ils sont obligés de venir fréquemment respirer à la surface ; ce qui, du reste, leur est facile par la disposition de leurs narines, qui sont placées presqu'au sommet de la tête, de façon qu'ils peuvent respirer sans se montrer hors de l'eau.

Kauguroo.

Hémione.

Jules. — Les plus communs des *Cétacés* sont le *Lamantin*, long d'environ quinze pieds, remarquable par ses membres antérieurs garnis d'ongles, et dont il se sert très-adroitement, soit pour nager, soit pour ramper sur le rivage, ou même pour porter son petit.

Alphonsine. — Comment! il porte son petit entre ses nageoires?

Le Père. — Oui, et il le tient ainsi serré contre son sein; car les *Cétacés* sont de fort bons parens, si attachés à leurs petits, qu'un moyen assez sûr de s'emparer de la mère, est de prendre d'abord le petit; il est rare alors qu'elle ne le suive pas.

Jules. — On distingue parmi les *Cétacés* le *Cachalot*, géant des mers, dont la longueur va quelquefois jusqu'à quatre-vingts pieds, et dont la grosseur est de plus des deux tiers.

Edmond. — Mais il doit être la terreur des mers où il habite?

Le Père. — Le *Cachalot* est fort destructeur en effet, et se rend très-redoutable aux Poissons, aux Phoques, etc.; il a ceci de particulier, qu'à l'extrémité du museau s'ouvre un conduit unique, nommé évent, par lequel il rejette l'eau qu'il a avalée. La *Baleine* a deux évens; elle est plus grande encore que le Cachalot; après ces deux animaux, viennent les *Dauphins*.

Edmond. — Ces Poissons....

Le Père. — Jules t'a déjà dit que ce n'étaient pas des Poissons.

Jules. — C'est vrai, j'oubliais déjà; je veux dire, ces *Cétacés* sont amis de l'homme, et, dans les naufrages, ils viennent à son secours.

Le Père. — C'est une fable, mon petit garçon, à laquelle il faut bien se garder de croire; les Dauphins suivent, en effet, les vaisseaux, conduits, non par leur amour pour l'homme, mais seulement pour se repaître des restes que les marins jettent à la mer.

Jules. — Après les Dauphins, viennent les *Marsouins,* au moins aussi gloutons que les premiers; ils font une guerre implacable à la Baleine; se réunissent plusieurs pour l'attaquer, et, lorsque la pauvre Baleine, pressée de toutes parts, ouvre la gueule pour respirer plus librement, ils s'y précipitent pour lui dévorer la langue.

ALPHONSINE. — Oh! les horribles animaux! qu'ils sont cruels!

LE PÈRE. — Excepté la Baleine, tous les *Cétacés* sont généralement très-féroces.

JULES. — Enfin, le *Narval,* qui n'est pas le moins curieux des *Cétacés;* cet animal est long de vingt-cinq à trente pieds; il n'a pas de dents, mais sa mâchoire est armée d'une défense longue de sept à huit pieds, assez forte pour percer, non–seulement les plus gros habitans des mers, mais encore les bâtimens les plus solides; aussi agile que terrible, le *Narval* poursuit sa proie jusque sur le rivage, et quelquefois avec tant d'ardeur qu'il s'y échoue, et ne peut plus se remettre à l'eau; alors le tyran, sans défense, ne tarde pas à devenir la proie des animaux carnassiers ou à mourir de faim.

LE PÈRE. — Nous avons maintenant parcouru toute la classe des *Mammifères;* et, comme j'ai été assez satisfait de l'attention soutenue que vous avez prêtée à votre frère, Jules, je vais clore cette première et importante division en vous faisant une description de la pêche de la Baleine ; cette pêche est une chose trop intéressante pour que je la passe sous silence ; elle renferme du reste des instructions qui ne seront pas sans profit pour vos jeunes intelligences.

Edmond. — Oh! quel bonheur! Aussi bien j'étais un peu fatigué de n'entendre parler que de Tartigrades, Digitigrades, Plantigrades..... Nous allons avoir un peu d'amusement.

Le Père. — C'est juste, mon petit Edmond, après le travail, la récréation. J'espère que cela vous inspirera la force d'attention qu'il vous faut encore pour entendre le reste de nos grandes divisions naturelles.

Alphonsine. — Ce n'est donc pas fini ?

Jules. — Et les Oiseaux, les Poissons, les Reptiles, que nous n'avons pas encore vus.

Alphonsine. — Oh ! comme c'est long. l'Histoire naturelle.

LE PÈRE. — Rassure-toi, mon enfant, nous ne ferons qu'indiquer les divisions les plus essentielles, et ton frère passera rapidement sur les détails.

JULES. — Moi, mon père ; mais vous avez vu toute ma science ; elle ne va pas au-delà du peu que j'ai dit des Mammifères.

LE PÈRE. — Eh ! bien, alors tu m'écouteras ; je ferai la leçon moi-même.

LES ENFANS ENSEMBLE. — Oh ! j'écouterai encore mieux, si c'est papa qui parle.

LE PÈRE. — Venons maintenant à la pêche de la Baleine. Je dois vous faire remarquer, mes enfans, que ce n'est pas la pêche de la Baleine seulement dont s'occupent les armateurs, mais bien encore, et surtout, de celle du Cachalot et de la plupart des Cétacés ; cette pêche a lieu dans les mers du Sud : plusieurs chaloupes, dirigées par cinq ou six hommes, accompagnent le vaisseau baleinier ; l'un des hommes de l'équipage de la chaloupe, est armé d'un harpon attaché à une corde longue de sept ou huit cents brasses ; le Cétacé vient respirer ou dormir, comme vous le savez, à fleur-d'eau, c'est le moment que choisit le harponeur pour l'atteindre profondément ; sitôt que l'animal se sent blessé, il plonge au fond de la mer, emportant le harpon avec lui ; sa fuite est si rapide alors que, si la corde à laquelle est attaché le harpon, venait à éprouver un obstacle un peu fort, elle se casserait à l'instant même, ou la chaloupe chavirerait, et serait abîmée dans les flots ; un homme est chargé spécialement du soin de faire couler le câble, et l'endroit de la chaloupe sur lequel il se déroule, est enduit de graisse, pour éviter que le bois, échauffé par ce mouvement, ne prenne feu, et ne s'enflamme. Bientôt après, et à une fort grande distance, la Baleine reparaît à la surface de l'eau pour prendre respiration ; mais elle est déjà épuisée par la perte de son sang, et hors d'état de tenter une nouvelle résistance ; quelques blessures l'achèvent entièrement ; alors, au moyen de forts crochets en fer, ou de lances, dont on lui traverse la poitrine, on la soulève sur le côté du vaisseau baleinier, et l'on commence à la dépecer par morceaux qui pèsent jusqu'à 2 et 3,000 livres ; au moyen d'un cabestan, on hisse ces énormes pièces de graisse ; puis, après les avoir découpées par petits morceaux, on en emplit des tonneaux ; cette graisse se réduit en huile de Baleine. Les fanons, qui remplacent les dents et les gencives, donnent des lames d'une matière cornée et flexible, dont on fait des busques pour les femmes, des cannes fort jolies, des brosses, etc. On hisse aussi sur le pont, où on les attache aux mâts, les deux grands os de la mâchoire, d'où découle, en assez grande abondance, une huile que reçoivent des cuves placées au-dessous. Une Baleine peut donner de trente-cinq à quarante-cinq tonneaux de graisse et plus encore, et rapporte de 80 à 100,000 francs.

JULES. — Tu ne nous a pas parlé, mon père, du blanc de Baleine et de l'ambre gris ?

LE PÈRE. — C'est que je ne vous ai encore parlé que de la Baleine, et que ce n'est point elle qui produit l'ambre gris. Le blanc de Baleine se tire de la tête de cet animal, comme aussi de celle du Cachalot et de tous les grands Cétacés ; c'est la substance médullaire de leur cerveau qui le produit ; après lui avoir fait subir certaines préparations chimiques, on en fabrique ces belles chandelles connues sous le nom de bougies de *Blanc de Baleine.* L'ambre gris est une substance solide, opaque, et inflammable ; il est de couleur grise, et bigarrée ; il répand un très-agréable parfum quand il est échauffé ; on pense que cette substance est due à des digestions laborieuses de l'animal, et aux concrétions qui se forment alors dans les intestins ; car on a remarqué que presque tous les individus chez qui l'on trouvait cette substance, avaient un air languissant et maladif ; lorsqu'ils ne peuvent s'en débarrasser, ils en meurent ; mais souvent il arrive qu'un abcès se forme à l'abdomen, et, crevant bientôt, les délivre, et leur rend la santé ; c'est pour cette raison qu'on trouve de l'ambre gris surnageant à la surface de l'eau, ou souvent sur les bords de la mer, dans le sable, sur le rivage, principalement dans l'Océan Atlantique, sur les côtes du Brésil et de l'île de Madagascar, sur celles de l'Afrique, des Indes-Orientales, de la Chine, du Japon et des îles Molluques ; il y en a quelquefois des morceaux qui pèsent jusqu'à 100 livres.

La pêche de la Baleine commence au mois de mai, et finit au mois de juillet. Qu'elle ait été fructueuse ou non, les vaisseaux baleiniers sont forcés, à cette époque, d'effectuer leur retour ; autrement la mer, couverte en peu de temps de glaçons énormes, rendrait leur retour impossible.

Il est inutile de dire que les enfans de M..Legendre prirent un très-vif intérêt à ce récit, et attendirent avec impatience que leur père complétât les notions d'Histoire naturelle qu'ils possédaient déjà ; l'occasion ne tarda pas à se présenter, et, un soir, M. Legendre, cédant aux vœux de ses enfans, commença ainsi l'histoire des Oiseaux.

OISEAUX.

Partout se fait reconnaître, par la sublimité de ses œuvres, la main de l'Ouvrier qui a créé le monde. Nous avons admiré déjà sa profonde sagesse dans la structure de l'Homme, dans la majestueuse fierté dont il a revêtu la face de ce roi de la nature, et tout dans la création, depuis le Lion terrible et l'Éléphant colossal jusqu'à l'Écureuil léger, porte la même empreinte de prévoyance infinie ; l'étude des Oiseaux ne fera qu'agrandir et élever encore ce noble sentiment.

La structure des Oiseaux diffère absolument de celle des Mammifères, car leur destination est différente : aussi, l'Oiseau a reçu la faculté locomotive la plus puissante ; non-seulement il marche, mais encore il s'élève dans les airs, et fend l'espace avec la rapidité d'une flèche ; pour cela, il a été pourvu de deux membres puissans ; les ailes qui, garnies de duvet à la partie voisine du corps, s'ouvrent, et se ferment comme un bras; à l'extérieur, elles sont garnies de plumes fortes, et qui vont en diminuant insensiblement jusqu'au coude. Ces ailes se meuvent au moyen de muscles très-forts, puisqu'ils doivent frapper l'air avec une grande violence.

Ici, un problème se présentait à résoudre : si la charpente osseuse était trop lourde, l'Oiseau ne pourrait en élever le poids dans les airs ; si, au contraire, elle était trop légère, elle serait trop faible, et les mouvemens des muscles puissans de l'aile fatigueraient étrangement l'Oiseau, s'îls ne le détruisaient en peu de temps.

Jules. — Mais alors comment donc faire?

Le Père.—Ce qui eut arrêté l'Homme, n'a pas embarrassé le Créateur. D'abord, il a donné à l'Oiseau des os qui, non spongieux et pleins, offrent une grande résistance sous un petit volume, puis ceux du centre se remplissent d'une masse d'air presque égale à leur pesanteur ; la poitrine s'avance en angle aigu comme la carène d'un navire ; toutes les côtes sont soudées entr'elles par de petits os intervallaires, et ne forment, pour ainsi dire, qu'une seule pièce ; leur cou, long et flexible, met toutes les graines qui couvrent la terre à leur portée, et leur bec corné et résistant, quoique sans dents, puisqu'ils n'ont pas à broyer leur nourriture, leur permet de s'en emparer; les plumes de la queue portent à droite ou à gauche, suivant le besoin que l'Oiseau éprouve de se diriger ainsi dans l'air, où elles font l'office de gouvernail; de plus, leur langue est généralement cartilagineuse au-lieu d'être musculaire, comme dans les Mammifères, puisqu'ils n'ont pas besoin de l'organe de la dégustation; leurs yeux, posés des deux côtés, leur permettent de voir aussi bien devant que derrière ou au-dessus, et possède aussi la faculté, qu'on n'a pu encore expliquer, d'apercevoir également bien les objets les plus éloignés, comme les plus proches; l'organe de la digestion n'est pas non plus le même que chez les Mammifères; les Oiseaux ont la respiration double, et cette disposition active singulièrement leur digestion; ils ont avant l'estomac, qui chez eux s'appelle *gésier*, deux autres cavités, un jabot et un ventricule, par lesquels s'élabore la nourriture avant de passer au gésier.

ALPHONSINE. —— Mais comment font-ils pour voler lorsqu'il pleut? Leurs plumes, pénétrées par l'eau, doivent être bien alourdies?

LE PÈRE. — N'as-tu pas vu souvent les Oiseaux passer leurs plumes dans leur bec?

JULES. — Oui; comme les Cygnes, par exemple, qui sont toujours occupés à ce soin.

LE PÈRE. — Eh! bien, ils graissent ainsi leurs plumes au moyen d'une huile qu'ils ont renfermée dans une petite poche au-dessus de l'anus, et les rendent imperméables à l'eau; le Cygne, comme l'a observé Jules, fait très-souvent ce mouvement; car il a aussi plus besoin qu'un autre de se rendre imperméable.

JULES. — Les Oiseaux ont-ils le sens de l'odorat et du toucher?

LE PÈRE. — Oui; mais chez eux ces sens sont extrêmement bornés, ainsi que celui du goût; mais, en revanche, ils sont de tous les animaux ceux qui ont les yeux les plus perçans et l'ouïe la plus fine. Du reste, la richesse variée du plumage chez presque tous, la suavité du chant chez quelques-uns, leurs habitudes, en dehors de celles de tous les autres animaux, ne les rendent pas les moins intéressans à étudier.

Sur quelles bases penses-tu, Jules, que

les naturalistes ont établi la classification des Oiseaux.

JULES. — Sur la forme du bec et des pattes d'abord, et ensuite sur celle des ailes ; enfin, d'après leurs habitudes et leur genre de vie.

LE PÈRE. — C'est à peu près, en effet, la marche que l'on a suivie, et, c'est en résultat de cette étude, que l'on a divisé la classe des Oiseaux en six ordres, savoir : 1° Les *Rapaces;* 2° les *Passereaux* ; 3° les *Grimpeurs* ; 4° les *Gallinacées* ; 5° les *Échassiers* ; 6° et les *Palmipédes.*

Ier Ordre. — LES RAPACES.

Les RAPACES, nommés aussi *Oiseaux de proie,* se distinguent de tous les autres par des ongles forts et crochus ; ils ont les *tarses* assez courts, trois en avant et un en arrière ; le bec tranchant, robuste et recourbé. Les Oiseaux de proie sont la terreur et la ruine des petits quadrupèdes, ainsi que des autres espèces d'oiseaux ; heureusement leur fécondité est bornée, et ils ont rarement plus de deux œufs ;

vous devez penser qu'on leur fait partout une guerre acharnée ; mais, comme ils ont le soin de placer leurs nids dans des lieux presque inaccessibles à l'homme, ils se maintiennent toujours en assez grande quantité ; ils nous rendent du reste le service de purger la terre d'une infinité de petits *Rongeurs*, qui, sans cela, ruineraient bientôt les espérances des fermiers.

Les *Rapaces* se divisent en *Rapaces diurnes* et *Rapaces nocturnes*.

Les *Rapaces diurnes* se font remarquer par la vivacité de leurs yeux, la force et l'étendue de leurs ailes ; les plus remarquables sont : les *Vautours*, les *Condors*, les *Cathartes*, les *Gypaètes*, les *Aigles*, les *Autours*, les *Milans*, les *Buses* et les *Busards*, les *Faucons*, les *Gerfaults* et les *Messagers*.

Le *Messager* n'est pas le moins extraordinaire des Oiseaux de proie ; au premier abord, on serait tenté de le ranger dans l'ordre des *Échassiers*, à cause de la longueur de ses jambes, de la ténuité de son corps, et de la faiblesse de ses ongles, longs comme ceux des Échassiers ; mais il a le bec fort et crochu, l'œil fier et hardi, la démarche intrépide ; la vie de cet oiseau dépendait de la réunion de ces diverses conditions. Le Messager fesant la guerre aux serpens venimeux, il fallait donc qu'il pût les frapper sans en être atteint, et, en cela, ses longs pieds lui servent à merveille. Pendant qu'il tient sous lui sa proie, il la frappe à coups de bec, l'étourdit à coups d'aile ; puis, l'enlevant à une très-grande hauteur dans les airs, il la laisse retomber sur la terre, et achève ainsi de lui ôter la vie.

EDMOND. — Voilà un brave oiseau !

ALPHONSINE. — Où donc le trouve-t-on, papa ?

LE PÈRE. — Le plus souvent en Afrique, où on le rencontre souvent l'œil attentif, l'oreille au guet, et se promenant à grands pas en attendant sa proie.

Les *Rapaces nocturnes....*

ALPHONSINE. — Le Hibou, le vilain Hibou !

LE PÈRE. — Et bien d'autres encore se distinguent par des formes lourdes et sans

Condor , Vautour royal.

Ibis, Balbuzar.

noblesse ; ils ont la tête grosse, le cou très court, les yeux grands et sur le devant de la tête ; ces oiseaux ont l'organe de la vue si délicat, qu'ils ne peuvent supporter la lumière du soleil. Ils dorment donc pendant le jour, cachés dans des retraites profondes et solitaires où ils attendent la venue du soir. Alors commence leur vie ; c'est pour eux l'heure d'une chasse sans danger ; ils surprennent leurs proies livrées au sommeil.

Jules. — Voilà qui ne prouve pas en faveur de leur courage.

Le Père. — Aussi sont-ils tous fort lâches et incapables de résistance, lorsque les petits Oiseaux, qui ont pour eux une invincible antipathie, les surprennent pendant le jour ; c'est plaisir alors de voir le tyran effrayé, roulant un regard ébloui des feux du jour, frappant au hasard des coups sans portée, tandis que, réunis par centaines, ses petits ennemis le frappent à leur tour à coup sûr, le harcèlent, et ne le quittent que mort ou mourant ; car il n'y voit pas même assez pour fuir, et se heurte partout dans sa fuite aveugle.

EDMOND. — Voilà qui est bien fait; j'étais déjà chagrin de voir ces gros vilains *Rapaces* opprimer impunément des êtres sans défense, et dans leur sommeil encore!

Les principaux *Rapaces nocturnes* sont :

Les *Chouettes*, le *Grand Duc*, le *Moyen Duc*, le *Hibou*, l'*Orfraie*, le *Chat-Huant*, la *Hulotte*.

IIe Ordre. — LES PASSEREAUX.

L'ordre des PASSEREAUX est le plus nombreux, le plus varié; il réunit la Pie-Grièche et l'Hirondelle, le Corbeau et l'Oiseau-Mouche, le Colibri et le Calao.

JULES. — Mais, comment des individus si différens les uns des autres ont-ils pu être rassemblés dans un même ordre?

LE PÈRE. — C'est qu'ils offrent entr'eux des ressemblances générales, et qu'ils diffèrent tous d'une manière assez tranchée des autres ordres de leur classe. Ils sont moins lourds que les Gallinacées, n'ont ni le bec, ni les ongles forts et crochus des Rapaces, ni les appétits destructeurs de certains Palmipèdes. La plupart des Passereaux ont une voix agréable; leur nourriture consiste en fruits, en graines et en insectes; quelques-uns cependant sont carnivores, tels que la Pie-Grièche et le Corbeau qui poursuit et dévore les petits Oiseaux.

ALPHONSINE. —Tu disais, papa, qu'ils avaient une voix agréable; la voix du Corbeau n'est pourtant pas déjà si agréable.

LE PÈRE. — J'ai dit la plupart, et non pas tous les Passereaux; car il y en a qui sont toujours silencieux.

Cet ordre se divise en *cinq familles*, qui prennent leurs noms de la forme du bec ou de celle des pieds des individus qui la compose.

Ce sont : 1° *les Dentirostres;* 2° *les Fissirostres;* les *Conirostres;* 4° les *Ténuirostres* et les *Syncdactyles*. Voilà des noms bien difficiles à retenir. Pour aider votre mémoire, Jules va vous les traduire en langue vulgaire.

JULES. — Le mot *dentirostre* est composé de *dens,* dent; et *rostrum,* bec: *bec en dent.*

Fissirostre de *fissura*, fente ; et *rostrum*, bec fendu.

Conirostre de *conum*, cône ; et *rostrum*, *bec en cône.*

Ténuirostre de *tenuis*, petit ; et *rostrum*, *petit bec.*

Et *Syndactyles*, de *sun*, avec ensemble, et *dactylum*, *doigt*, qui ont les doigts du pied d'égale grandeur et sur la même ligne.

Le Père. — Les principaux DENTIROS-TRES, sont :

La *Pie-Grièche*, d'un appétit si sanguinaire, qu'on l'a quelquefois rangée parmi les Rapaces ; la Pie-Grièche est d'un caractère paresseux et méchant.

Alphonsine. — Je comprends maintenant pourquoi on dit d'une petite fille colère et querelleuse : *C'est une Pie-Grièche.*

Le Père. — Tu as deviné : du reste, la Pie-Grièche est très-bonne mère, et défend ses petits, avec une incroyable intrépidité, contre les Rapaces les plus forts qu'elle met souvent en fuite.

Les *Gobe-Mouches*....

EDMOND. — Oh! je suis sûr qu'ils ont presque toujours le bec ouvert pour attraper les
Mouches; car on dit des gens qui regardent
sans cesse devant eux et la bouche ouverte :
Ce sont des Gobe-Mouches.

LE PÈRE. — Justement : le *Gobe-Mouche*
ne diffère de la Pie-Grièche que par son genre
de nourriture et la forme de son bec qui est
un peu plus aplati ; les *Cotingas,* d'un plumage magnifique où s'entremêlent le bleu
d'azur, le pourpre, le blanc et le noir pur.
Ces oiseaux, tristes et défians, habitent les
sombres forêts de l'Amérique.

Les *Merles...*

ALPHONSINE. — Qui chantent si bien!

LE PÈRE. — Oui : quand ils chantent ; mais
on ne les entend guère se livrer à toute leur
inspiration musicale que dans les lieux solitaires et écartés ; car ils sont généralement
timides et méfians.

Les *Bec-Fins :* on comprend sous ce
nom, une multitude de petits Oiseaux dont
le bec droit et fin ressemble assez à un poin-
çon. Les principaux *Bec-Fins* sont les *Rou-*

ges-*Gorges*, les *Fauvettes*, les *Roitelets* et les *Bergeronnettes* ou *Hochequeues*. Tous ces Oiseaux ont une jolie voix.

La *deuxième famille* de l'ordre des *Passereaux*, comprend les oiseaux réunis, sous le nom de FISSIROSTRES, ainsi nommés, parce que leur bec est profondément fendu à sa base.

Les *Fissirostres* les plus connus sont les *Hirondelles*, oiseaux de passage, qui n'habitent l'Europe que pendant les beaux jours ; elles arrivent en France au mois d'avril, pour en partir au mois de septembre. Les nids de l'Hirondelle sont d'une mâçonnerie merveilleuse ; on prétend qu'à leur retour elles reviennent au même nid, et que si un Moineau s'en est emparé et s'y maintient, sans qu'elles puissent l'en chasser, elles mûrent l'entrée de leurs nids, pour y faire mourir le ravisseur.

Les *Martinets* ont été long-temps confondus avec les Hirondelles, dont ils diffèrent pourtant par la forme de leurs ailes qui sont bien plus longues que chez les *Hirondelles*, et l'habitude qu'ils ont de ne jamais descendre sur les terrains unis; ils se tiennent constamment sur les hauteurs.

Les *Engoulevents*, oiseaux nocturnes fort laids qui prennent leur nom de l'habitude où ils sont de tenir leur bec ouvert quand ils volent; c'est un abîme où viennent s'engloutir les insectes volans; l'air qui s'y engouffre produit un certain bruit, semblable à celui qu'on fait en soufflant d'un peu loin dans une bouteille.

Jules. — Ceux de ces Oiseaux, qui sont nocturnes, doivent produire un triste effet durant la nuit.

Le Père. — Aussi la superstition s'en est-elle emparée, et l'on a débité sur les *Engoulevents* mille fables, qui ont trouvé d'autant plus de créance qu'elles étaient plus absurdes; car, ainsi est fait l'Homme, il se plaît, et s'obstine à mettre son imagination au-dessus de la vérité même.

Les CONIROSTRES forment la *troisième famille* des *Passereaux;* leur bec, ainsi que l'indique leur nom, est plus court, plus fort et plus conique que ceux des autres Passereaux. Les individus de cette *famille* ne se nourrissent pas d'insectes comme les précédens; mais bien de graines, de fruits secs, et quelquefois même de charogne.

Parmi les premiers, nous comptons : L'*Alouette*, chanteuse matutinale, qui, la première, salue l'aurore ; elle aime les champs, et fait son nid dans un sillon ; joli petit Passereau qui égaie le travail du laboureur.

La *Mésange*, aux couleurs plus vives, et dont la voix plus timide est aussi plus mélodieuse.

Les *Moineaux*...

ALPHONSINE. — C'est encore une jolie voix que celle du Moineau !

JULES. — Si elle est criarde et monotone, au moins elle n'est ni rude, ni triste.

LE PÈRE. — Mais aussi ce joli ordre s'énorgueillit du *Pinson* à la chanson joyeuse, de la *Linotte*, du *Serin*, du *Verdier*, du *Bouvreuil*, charmans Oiseaux qui font la joie et l'honneur de nos bosquets ; l'*Étourneau*, le *Sansonnet*....

ALPHONSINE. — Voilà un Oiseau qui siffle bien.

EDMOND. — Et même qui parle presqu'aussi bien qu'un Perroquet.

LE PÈRE. — Le *Corbeau*, le *Geai*, sont rangés au nombre des *Conirostres*; ces derniers se nourrissent indifféremment de fruits secs ou verts, de grains, d'insectes, et souvent, comme le Corbeau par exemple, dévorent les jeunes Oiseaux qu'ils vont cruellement déchirer dans leur nid, presque sous les yeux du père et de la mère qui ne peuvent que se plaindre et gémir.

JULES. — J'en ai vu plusieurs fois, et j'étais furieux des accens de contentement qu'ils faisaient entendre en se livrant à leur cruel repas. Je cherchais toujours à les effrayer pour les mettre en fuite.

LE PÈRE. — Ce sentiment était juste et louable; c'est l'effet que doit produire sur un cœur généreux le spectacle du faible opprimé par le fort. Enfin, on a regardé, comme appartenant à la *famille* des *Conirostres*, les *Oiseaux de Paradis*, que Buffon a nommés le bijou de la nature ; le plus joli , le plus brillant de tous les Oiseaux. Vous avez dû en voir souvent sur les chapeaux des dames, et même sur celui de votre mère.

ALPHONSINE. — Mais je ne savais pas que c'était de vrais Oiseaux ; je m'imaginais qu'on les fabriquait comme tout autre parure.

LE PÈRE. — L'art ne parviendrait point à réunir d'une façon si étonnante toutes les couleurs et toutes les nuances ; la nature seule opère de telles merveilles.

La *quatrième famille* de l'ordre des *Passereaux*, renferme les oiseaux TENUIROSTRES ; le nom vous dit qu'ils ont le bec très-mince, très-frêle et très-effilé. Ces oiseaux n'offrent rien de remarquable ; on les trouve presque tous sur l'ancien continent ; les plus célèbres sont l'*Oiseau-Mouche* et le *Colibri,* les plus petits de tous les Oiseaux et les mieux organisés pour le vol ; aussi, sont-ils toujours dans l'espace ; ils plongent dans les fleurs dont ils tirent les sucs sans même s'arrêter ; on a prétendu, à cause de cela, qu'ils ne se reposaient jamais, et vivaient toujours en l'air. Je n'ai pas besoin de vous dire que c'est une fable.

Les SYNDACTYLES, *cinquième famille* de l'ordre des *Passereaux*, contient les *Guêpiers,* ainsi nommés de leur habitude de se nourrir d'Abeilles et de Guêpes ; ces Oiseaux ne se trouvent que dans l'Afrique et les Indes, et les *Calaos*, les plus gros des *Passereaux,* remarquables par leurs doigts, qui se tiennent tous l'un à l'autre, par la grosseur démesurée de leur bec, que surmonte souvent une éminence osseuse ou charnue, aussi grosse que toute la tête de l'oiseau ; ce sont des animaux lourds et paresseux, que l'on ne trouve que dans l'Afrique et les Indes–Orientales.

IIIe Ordre. — LES GRIMPEURS.

Le troisième ordre des *Oiseaux*, réunit, sous le nom de GRIMPEURS, tous les individus qui, par la disposition des doigts des pieds, jouissent de la faculté de pouvoir, à l'aide de leur bec, grimper aux arbres, aux murs, aux rochers, etc. ; presque tous les Oiseaux de cet ordre ont l'air triste et maussade ; les plus connus des Grimpeurs sont les *Coucous* et les

Perroquets ; les premiers ont ceci de remarquable qu'ils déposent leurs œufs dans les nids des autres Passereaux qui, chose étrange, les couvent et en élèvent les petits ; nous reviendrons sur les *Perroquets* et les autres *Grimpeurs*, en visitant le Jardin-des-Plantes.

IVe Ordre. — LES GALLINACÉES.

Le quatrième ordre des *Oiseaux* renferme tous les individus, connus sous le nom de Gallinacées, tels que : Les *Alectors,* les *Pénélopes,* les *Paons,* les *Dindons,* les *Pintades,* les *Faisans,* les *Tetras,* les *Coqs de bruyère,* les *Gelinottes,* les *Perdrix* et les *Pigeons.*

Cet ordre est, à coup sûr, un des plus intéressans de la classe des *Oiseaux.*

Edmond. — Je le crois bien : il traite des Faisans, des Dindons, des Perdrix et des Pigeons.

Jules. — Ce sont tous animaux très-précieux à la cuisine, n'est-ce pas, Edmond ?

Alphonsine. — Et surtout sur la table. Je m'apprête à écouter avec intérêt ce que papa va nous en dire.

Le Père. — Je ne vous en dirai pourtant rien aujourd'hui; sinon que je suis parfaitement de votre avis, quant à leur utilité pour nous; je ne vous en ferai pas même la description; vous pouvez, du reste, vous en faire une idée par notre Coq domestique. Nous les rencontrerons tous au Jardin-des-Plantes, et là....

Les Enfans. — Il est donc décidé que nous irons ?

Le Père. — Jusqu'à présent, je suis assez content de votre attention, et j'espère qu'elle se soutiendra assez jusqu'au bout pour me donner la joie de remplir la promesse que je vous ai faite. Revenons à nos Oiseaux.

Ve Ordre. — LES ÉCHASSIERS.

Le Père. — Les ÉCHASSIERS composent le cinquième ordre.

Edmond. — Oh ! je suis sûr que je sais pourquoi on les a nommés *Échassiers.*

Le Père. — Eh ! bien, pourquoi ?

Edmond. — C'est que, sans doute, ils sont portés sur de longs pieds assez semblables

9

à des échasses, comme l'Autruche et le Héron.

LE PÈRE. — Justement, mon petit garçon. Ces grandes jambes leur servent à traverser à gué les ruisseaux et les petites rivières ; car, se nourrissant de poissons, ils se tiennent constamment sur le rivage, d'où leur vient aussi le nom d'Oiseaux de rivage ; il est facile de comprendre que leur long bec et leur long cou leur sont très-utiles à pêcher.

ALPHONSINE. — Est-ce qu'ils ne vivent que de poissons ?

LE PÈRE. — Il y en a, parmi eux, qui vivent aussi de vers et d'insectes, et d'autres de graines et d'herbages.

Les principaux *Échassiers* sont : L'*Autruche* et le *Casoar*, l'*Outarde*, les *Pluviers*, les *Vanneaux*, les *Huitriers*, les *Agamis*, les *Grues*, les *Hérons*, les *Cigognes*, les *Spatules*, les *Ibis*, les *Courlis*, les *Échasses*, l'*Avocette*, les *Chevaliers*, les *Maubêches* et les *Phalaropes*.

Nous nous occuperons seulement des Échassiers qui ne se trouvent pas au Jardin-des-Plantes.

Grue couronnée, petite Outarde, Héron.

Cigne, Marabout du Sénégal.

A la première vue, on serait tenté de ranger les *Outardes* parmi les Gallinacées à cause de la lourdeur de leur démarche, de leur bec en forme de voûte, et de leur nourriture qui consiste en graines ; mais la longueur de leur cou et celle de leurs jambes qui sont nues comme dans les Échassiers, les ont fait ranger dans cet ordre. La chair de l'Outarde est peu savoureuse, mais assez ferme ; leur naturel est farouche et défiant ; comme l'Autruche, elle ne se sert de ses ailes que pour accélérer la vitesse de sa marche ; elle est plus grosse qu'un Dindon ; on en trouve en France et en Allemagne, à la maturité des blés.

Les *Pluviers* ressemblent beaucoup aux Outardes.

Le *Vanneau* ne diffère en rien des Pluviers que par une houpe de plumes flottantes sur le derrière de la tête.

Les *Huitriers* ont les *tarses* moins longs que les autres Échassiers ; ils ressemblent un peu à nos Canards.

L'*Agami* est un Échassier de l'Amérique ; il tient, par ses habitudes, des *Gallinacées* et des

Échassiers; il ne se sert de ses ailes que lorsqu'il veut se percher sur quelque arbre peu élevé.

Le *Spatule* ne diffère en rien des *Échassiers* que par la forme de son bec aplati en spatule.

Le *Courli* a le bec long et aigu. Il est assez haut sur ses pieds : il aime les plaines arides et couvertes de sable ; on le trouve dans les environs des étangs, des marais et des rivières. Sa chair n'a rien de bien savoureux.

Les *Échasses* ont les *tarses* les plus longs et les plus déliés de tous les Échassiers ; ils semblent pouvoir à peine porter le poids du corps de l'animal ; comme les Pluviers et les Huitriers, il manque absolument de forme. Ces Oiseaux fréquentent les bords de la mer et ceux des étangs salés.

L'*Avocette* est un joli oiseau d'un beau blanc ; le sommet de la tête noir, et trois raies de même couleur à l'aile ; elle a les doigts entièrement palmés, et cependant ne se met jamais à la nage.

Les *Chevaliers* et les *Maubêches* sont des Oi-

seaux aquatiques, assez semblables aux précédens; mais remarquables par l'habitude
de voyager par paires; ils nichent à terre
dans les herbes sèches, et pondent de trois
à cinq œufs. Ils ont le vol rapide et soutenu.

Les *Phalaropes* sont les plus petits Oiseaux
de rivage, puisqu'ils n'ont guère que la taille
d'un moineau; ils ont les pieds palmés; aussi,
au contraire des autres oiseaux de rivage, ils
recherchent les eaux profondes où ils peuvent nager; ils y font la chasse aux insectes
qui flottent à la surface de l'eau. Ce sont des
Oiseaux du Nord.

La *cinquième famille* de l'ordre des *Échassiers*,
contient les oiseaux aquatiques, réunis sous
le nom de MACRODACTYLES, qui signifient
longs doigts; car ils ont tous en effet les doigts
fort longs et terminés par de grands ongles.
Ils peuvent ainsi marcher dans les endroits
marécageux, dans la vase. Les *Macrodactyles* ont quelque ressemblance avec l'ordre
des Gallinacées; c'est pour cela que quelques naturalistes les ont ainsi nommés *Poules d'eau.*

Jules. — Leur chair est-elle bonne à manger?

Le Père. — La chair des *Macrodactyles* est non-seulement mangeable, mais encore forme un des meilleurs gibiers. Les plus connus sont le *Jacanas*, dont l'ongle externe de l'aile est garni d'un éperon très-aigu; il se nourrit de vers, d'insectes et de petits mollusques.

Les *Kamichis* qui ne diffèrent des premiers que par leur régime tout végétal, leur taille plus forte et presque égale à celle d'un Dindon, et leur bec assez semblable à celui des Gallinacées.

Nous verrons, au Jardin-des-Plantes, les *Râles*, les *Poules d'eau* ou *Foulques* et *Poules sultanes*. Nous terminerons cette rapide description des *Macrodactyles* par quelques mots sur le *Flammant*.

Edmond. —Oh! je le connais : il en est question dans le *Robinson suisse;* c'est un grand oiseau qui a le bout des plumes rouges.

Le Père. — J'aime à voir que tu sais tirer parti de tes lectures : oui, le Flammant est un des plus grands Oiseaux, et l'on ne sait trop dans quel genre il faut le ranger.

Par la longueur de ses *tarses*, il appartient aux *Échassiers ;* par la longueur de ses *doigts*, aux *Macrodactyles*, et, par la palmure de ses pieds, aux *Palmipèdes*. Cet oiseau voyageur, comme la plupart des Oiseaux aquatiques, se trouve dans tous les pays. Deux choses le font particulièrement remarquer : la courbure de son bec qui paraît comme cassé au milieu, et la manière singulière dont il couve ses petits. La longueur démesurée de ses jambes l'oblige à poser son nid sur une espèce de petit monticule au milieu des marais et des rivières, et il couve à califourchon.

ALPHONSINE. — Ah! qu'il doit être drôle, ce grand Oiseau à califourchon sur son nid !

LE PÈRE. — Il n'est pas facile de le voir ainsi, car il est très-défiant, très-ombrageux, et se tient habituellement dans les endroits les plus écartés.

Ve Ordre. — LES PALMIPÈDES.

Le Père. — Nous voici maintenant arrivés au dernier ordre de la classe des Oiseaux, je veux parler des Oiseaux purement aquatiques, des *Palmipèdes,* ainsi appelés de la forme de leurs pieds, dont tous les doigts sont attachés ensemble par une membrane solide et flexible, destinée à faire office de rames dans l'eau, qui peut être regardée comme le véritable élément de ces Oiseaux qui marchent fort difficilement.

Edmond. —Ils ont toujours l'air de boiter.

Le Père. — C'est qu'ils ont le corps large et épais, et porté presqu'entièrement en avant ; cette disposition, favorable à la nage, l'est fort peu à la marche.

On divise les *Palmipèdes* en quatre familles : la première, des *Brachyptères;* la deuxième, des *Longipennes;* la troisième, des *Totipalmes,* et la quatrième, des *Lamellirostres.*

Les *Brachyptères* sont les Oiseaux aquatiques les plus mal organisés pour la marche et pour le vol; mais, en revanche, ce sont les meilleurs nageurs de l'ordre, qui comprend la *Grèbe*, si recherchée pour la beauté de son duvet, dont on fait de très-douces fourrures. — Les *Plongeons*, sont semblables aux *Grèbes*, à l'exception qu'ils ont les doigts entièrement palmés, tandis que les *Grèbes* n'ont que des festons membraneux. Les *Guillemots*, nageurs par excellence, qui fréquentent les Mers glaciales, ne viennent jamais à terre qu'au temps où l'eau, prise par le froid, ne leur permet plus de trouver leur nourriture. Les *Pingouins*, dont le bec, comprimé latéralement, est tranchant sur le dos, et semblable à une lame de couteau. Les *Manchots*, ainsi appelés de la pauvreté de leurs ailes, dont ils n'ont, pour ainsi dire, que des vestiges qui, vus de loin, ressemblent assez à des écailles; leurs pieds, placés entièrement à l'arrière du corps, leur rendent la marche presque impossible; aussi ne les voit-on guère à terre que lorsqu'ils y ont été poussés par la violence des flots. La manière dont ils font leur ponte est assez remarquable pour ne pas la passer sous silence. Ils se réunissent par milliers, et choisissent un terrain carré, qu'ils partagent en autant de petits carrés qu'il y a de paires d'Oiseaux ; ils forment ainsi une sorte de camp qui n'est détruit qu'après que les petits sont éclos, et suffisent à leur propre subsistance.

JULES. — Voilà un trait bien singulier, et qui prouverait en faveur de leur instinct.

LE PÈRE. — Ces animaux sont pourtant éminemment stupides.

La *deuxième famille* des *Palmipèdes*, les *Longipennes* ont les ailes fortes et étendues ; ils nagent bien et volent supérieurement. Du reste, la forme de leurs pieds leur rend, comme aux précédens, le séjour de la terre fort incommode.

Les *Palmipèdes-Longipennes* les plus remarquables sont le *Petrel, Oiseau des Tempêtes,* qui se trouvent sur toute l'étendue des mers, brave les orages, et joue avec les vagues ; son nom vient de l'anglais *Peter* ou *Petrel* (*pierre*), qui lui a été donné à cause de la singulière faculté qu'il a de marcher sur les eaux.

Alphonsine. — Ah! parce que saint Pierre a marché sur les eaux, c'est très-ingénieux.

Le Père. —Les *Albatros* sont les plus gros Palmipèdes-Longipennes. Les marins les nomment aussi *Moutons du Cap*, ou *Vaisseaux de guerre*. Leur bec, fort et tranchant, est terminé par un croc. Les *Maures*, plus connues sous le nom de *Mouettes* et de *Goëlands*, sont des Longipennes voraces qui se nourrissent de tous les cadavres qui flottent à la surface de l'eau. Quelquefois ils s'attaquent aux Oiseaux aquatiques beaucoup plus faibles qu'eux; ils se battent entr'eux, et se disputent avec acharnement la plus petite proie. Les *Sternes*, qui n'aiment point à nager, et ne prennent leur proie qu'au vol; ils volent presque continuellement. Les *Becs-en-Ciseaux*, ainsi nommés de la forme de leur bec qui s'ouvre en ciseaux; la partie supérieure est plus courte de près d'un tiers que l'autre; les deux parties se correspondent, mais sans entrer l'une dans l'autre. Le *Bec-en-Ciseaux* ne peut saisir sa proie qu'avec une grande difficulté; aussi vole-t-il continuellement à la surface des eaux, sillonnant la mer avec la mandibule inférieure qui plonge dans l'eau. Il attrape ainsi le poisson en dessous, et l'enlève en passant. On trouve ces oiseaux dans les mers des Tropiques et dans les eaux de l'Amérique méridionale.

EDMOND. — Est-il bien gros, le *Bec-en-Ciseaux?*

LE PÈRE. — De la grosseur d'un Pigeon à peu près.

JULES. — Ces Oiseaux doivent être quelquefois une ressource pour les marins.

LE PÈRE. — Dans les naufrages, dans les disettes à bord des vaisseaux, on les recherche avec ardeur. Les *Pingouins* et les *Goëlands* ont sauvé la vie à bien des naufragés. Vous en verrez des exemples fréquens dans l'*Histoire des Naufrages.*

EDMOND. — Leur chair est donc bonne à manger?

LE PÈRE. — Pas absolument; mais quand on meurt de faim, on n'a pas le palais difficile, et je suis sûr que si Edmond n'avait pas mangé depuis deux ou trois jours, il trouverait délicieuse la chair du *Pingouin* et même celle des *Petrels*.

Les individus qui composent la *troisième famille* des *Palmipèdes*, prennent le nom de *Totipalmes*, parce que chez eux la palmure du pied embrasse le pouce avec les autres doigts. Les ailes présentent une vaste envergure, ce qui leur rend le vol facile et soutenu. Tous les oiseaux de cette *famille* sont d'une extrême voracité ; il leur faut une grande quantité de nourriture qui, pour eux, ne se compose que de poissons. Ils mangent jusqu'à ce que leur estomac ne puisse plus rien contenir ; alors la digestion pénible, qui suit leur gloutonnerie, les rend lâches, indolens et paresseux, au point que d'autres animaux moins forts qu'eux les forcent souvent à dégorger la nourriture qu'ils n'ont point encore digérée. Ces Palmipèdes nichent sur les côtes et dans les rochers déserts. Ils ne pondent jamais plus de quatre œufs, et rarement moins de deux.

Les principaux *Palmipèdes-Totipalmes* sont les PÉLICANS, si remarquables par la vaste poche qui pend au-dessous de la mandibule inférieure. Cette poche leur sert à entasser leur pêche ; elle peut contenir de vingt-cinq à trente livres de poissons. Quand elle est pleine, ils se retirent dans quelqu'endroit écarté, et ne se livrent plus à la pêche qu'ils n'aient épuisé leurs provisions.

JULES. — Le Pélican n'est-il pas l'emblême de la tendresse maternelle ?

ALPHONSINE. — On dit que lorsqu'il voit ses petits sans nourriture, il s'ouvre les flancs pour les nourrir de son sang.

LE PÈRE. — C'est encore une fable étrange que je ne sais à quoi attribuer ; car, loin d'être bons parens, les Pélicans sont si indifférens envers leur progéniture qu'ils se laissent enlever leurs petits sans opposer la moindre résistance.

Dans quelques endroits, en Chine, par exemple, on utilise la voracité des Pélicans et leur habileté pour la pêche, en leur passant au cou un anneau assez étroit pour qu'ils ne puissent avaler le poisson qu'ils ont pris, et qu'on leur fait dégorger ensuite.

Les Frégates, ainsi nommées par les marins à cause de la rapidité de leur vol, qui surpasse autant celui des autres oiseaux, que la vitesse des bonnes frégates surpasse celle des autres bâtimens. Leurs ailes ont jusqu'à dix pieds d'envergure. Quand elles sont pressées par la faim, les *Frégates* forcent les Pélicans à dégorger leur nourriture ; elles fréquentent les îles désertes et les mers tropicales.

Les Cormorans ont le plumage noir et le bec fort et crochu ; ce sont d'excellens nageurs, qui poursuivent leur proie avec une rapidité extraordinaire. Ils sont aussi voraces que les Pélicans ; mais sont forcés de revenir plus souvent à la chasse, parce que n'ayant pas une poche *sous-mandibulaire* comme ceux-ci, ils ne peuvent pas faire de provisions.

Les Fous sont des oiseaux stupides à qui les *Frégates* enlèvent sans résistance le poisson au moment même où ils viennent de le prendre.

Les ANHINGAS ressemblent aux *Cormorans*, sauf la couleur de leur plumage, agréablement nuancé de vert, de noir et de blanc, et la longueur extraordinaire de leur cou, qui a presque une moitié et demie de la longueur de leur corps. Ils ont à peu près les mêmes habitudes et les mêmes manières de vivre que les précédens.

La *quatrième famille* des *Palmipèdes*, sous le nom de PALMIPÈDES-LAMELLIROSTRES, réunit tous les Oiseaux qui ont les pieds palmés, sauf le pouce qui est libre, et le bec aplati, soit dans sa totalité, soit dans une partie de sa longueur seulement.

Les principaux *Palmipèdes-Lamellirostres* sont les *Canards*, les *Cygnes*, les *Oies*, les *Sarcelles*, les *Eiders*, qui fournissent le beau duvet connu sous le nom d'édredon, et les *Harles*; comme nous verrons dans peu de jours tous ces oiseaux vivans, je réserverai les détails pour ce jour, et, si vous voulez, je vais vous raconter comment se fait la chasse aux *Fous*.

La chair de ces oiseaux, qui ne se nourrissent que de poissons, est très-grasse, et fort estimée des habitans de l'île de S.-Kilda, qui, se suspendant à des cordes, et grimpant de rochers en rochers, vont les dénicher au péril de leur vie. Un voyageur, naturaliste anglais, raconte ainsi une de ces chasses, dont il fut le témoin :

« Je fus étonné, dit-il, de la manière dont ces hommes s'y prennent, et je n'ai pu voir, sans frémir, avec quelle témérité ils y risquent leur vie ; car il arrive quelquefois que plusieurs de ces chasseurs aux œufs tombent dans la mer ou dans les précipices au-dessus desquels ils sont obligés de se suspendre. On attache le plus solidement qu'on peut, au haut d'un rocher, une solive, qui reste saillante le plus possible ; elle porte une poulie et une corde, au moyen desquelles un homme, lié par le milieu du corps, descend tout le long des rochers ; il tient une longue perche armée d'un crochet de fer, pour s'accrocher aux rochers et se diriger à son gré ; à un signal, les hommes qui sont sur le rocher retirent le chasseur qui, à chaque fois, fait une récolte de cent ou deux cents œufs. La promenade se continue tant qu'on trouve des œufs, ou tant qu'il est possible de supporter cette suspension qui devient très-fatigante. Pendant cette chasse, on voit les oiseaux s'envoler par milliers en poussant des cris affreux. Les habitans des endroits où cette chasse est praticable, en retirent un grand bénéfice ; car, outre les œufs, ils enlèvent aussi une grande quantité de jeunes oiseaux, dont les uns servent de nourriture et les autres donnent beaucoup de duvet qui se vend aux négocians danois. »

ALPHONSINE. — Voilà une terrible manière de gagner sa vie, et il faut que ces hommes soient bien pauvres et bien malheureux pour courir de tels dangers, avec l'espérance d'un si petit bénéfice. Ne pourraient-ils pas faire un état moins périlleux ?

LE PÈRE. — Dans ces pays désolés où la civilisation n'a pénétré qu'à peine, ce genre d'existence n'est pas le plus malheureux, et vous aurez occasion, en lisant l'*Histoire des*

Voyages, d'en rencontrer de moins lucratifs encore et de plus périlleux.

Il me reste maintenant à vous faire l'histoire des Reptiles et des Poissons. Comme ces parties sont moins importantes que les autres, nous ne ferons que les parcourir rapidement. Pour ce qui regarde les *Mollusques*, les *Annelides*, les *Crustacés*, les *Polypes*, les *Insectes* et les *Zoophytes*, la *Minéralogie* et la *Zoologie*, je vous en dirai ce qu'ils présentent de plus important et de plus curieux en visitant les Serres du Jardin-des-Plantes, et les Cabinets d'Histoire naturelle et de Minéralogie. Je reprendrai nos entretiens sur l'Histoire naturelle, quand vous m'aurez présenté une analyse suffisante de tout ce que nous avons vu jusqu'à présent ; Jules, plus avancé que vous, vous dirigera dans ce petit travail.

Dans l'espérance de voir ce qui regarde les Serpens et les Poissons, les enfans se mirent avec ardeur à leur travail. et, deux jours après, ils avaient achevé ce que leur père avait exigé ; un soir donc, après avoir examiné leur travail. M. Legendre s'en montra satisfait, et reprit ainsi ses enseignemens paternels.

— L'intelligence et l'application que vous avez déployées, dans votre travail, mes chers enfans, m'encouragent à donner suite à nos entretiens; je vous remercie de l'empressement que vous avez mis à me satisfaire. Voyons, mon petit Edmond, quels sont les animaux que tu rangerais parmi les Reptiles.

EDMOND. — Le mot *reptile* ne signifie-t-il pas *rampant?*

LE PÈRE. — A peu près.

ALPHONSINE. — Alors cette classe devrait renfermer les *Serpens,* les *Vers*, les *Limaces* et *Limaçons.*

LE PÈRE. — Et toi, Jules, qu'en penses-tu?

JULES. — Je crois que les Limaçons ne sauraient appartenir au même genre que les Serpens, et me paraissent plutôt avoir de l'analogie avec les Tortues.

LE PÈRE. —Vous auriez raison, si les naturalistes avaient attaché à ce mot la signification seule de *ramper;* mais il n'en est rien, et l'on comprend sous le nom de Reptiles tous les *Animaux vertébrés*, à *respiration pulmonaire simple, et dont le corps n'est couvert ni de poils, ni de plumes.* Ils sont tous remarquables par la lenteur de leur digestion : quand ils sont bien gorgés d'alimens, ils peuvent rester des mois et même des années sans prendre aucune espèce de nourriture.

Leurs formes sont généralement peu agréables ; souvent même elles sont hideuses. Leurs habitudes sont dégoûtantes, puisque presque tous les animaux qui composent cette classe vivent dans les marais fangeux, dans la vase, et se nourrissent d'alimens infects. Outre ces raisons, un certain nombre d'entr'eux est venimeux, et bien qu'on en compte à peine un dixième, néanmoins l'horreur qu'ils inspirent en fait un objet de dégoût universel.

La classe des *Reptiles* se subdivise en quatre ordres ; 1° les *Chéloniens* ou *Tortues ;* 2° les *Sauriens* ou *Lézards ;* 3° les *Ophidiens* ou *Serpens ;* 4° les *Batraciens* ou *Grenouilles.*

Jules. — Comment, les Grenouilles aussi sont des Reptiles ?

Le Père. — Certainement, puisque ce sont des *animaux vertébrés qui ont le sang froid*......

Alphonsine. — *Et la respiration pulmonaire simple; et qu'ils ne sont couverts ni de poils, ni de plumes.*

Le Père. — Très-bien, ma fille : je suis bien aise que tu me prouves ton attention.

Parmi les **CHÉLONIENS**, on compte la *Tortue de terre*, dont le corps est renfermé dans une espèce de maison d'écailles, appelée *carapace*. Leur lenteur est passée en proverbe.

Jules. — On dit : *Marcher comme une Tortue !*

Edmond. — J'ai lu que leur chair était très-bonne à manger, et que l'on en faisait d'excellent bouillon.

Le Père. — Cela est vrai. La Tortue fréquente les climats chauds et tempérés.

Les **ÉMYDES** sont des Tortues d'eau douce ; elles établissent le passage des Tortues de terre aux Tortues de mer, et tiennent un peu de la conformation des unes et des autres ;

elles ont les pieds comme palmés, et les doigts très-flexibles ; elles aiment les eaux courantes, et fréquentent les grands fleuves et les rivières profondes.

Les **CHÉLONÉES** ou *Tortues de mer*, ont la carapace entièrement déprimée, les membres terminés en nageoires, à peu près comme chez les Phoques.

Jules. — Elles doivent avoir bien de la peine à se traîner sur la terre.

Le Père. — Aussi n'y viennent-elles que fort rarement, et seulement pour paître les herbes du rivage. Ces Tortues sont d'une très-grande dimension et d'un volume énorme ; leur chair est généralement bonne à manger, aussi offre-t-elle une nourriture saine et succulente aux habitans des rivages de l'Océan indien, qui leur font une chasse assidue. Tantôt ils les harponnent comme les Cétacés, pendant qu'au fond de l'eau elles paissent les herbes et les fucus maritimes ; tantôt ils les poursuivent lorsqu'elles s'avancent sur la terre en grandes troupes pour aller chercher un endroit convenable à déposer leurs œufs ; alors il faut les retourner promptement ; car bien que leurs mouvemens ne soient pas très-rapides, elles leur échapperaient. On a vu la carapace d'une de ces Tortues servir de nacelle à un homme, et sa chair suffire à la nourriture de plus de cent personnes.

ALPHONSINE. — Cela doit-être un grand profit pour les habitans des rivages ; car, en outre de leur chair, ils peuvent vendre leur écaille qui coûte si cher.

JULES. — Mais je crois que toutes les Tortues ne fournissent pas d'écaille.

LE PÈRE. — Tu as raison : une seule espèce offre cet avantage ; c'est le CARET, plus petit que les précédentes, et qui habite les mers de l'Amérique Méridionale et les Indes.

Les SAURIENS offrent un assez grand nombre de subdivisions, dont tous les individus présentent une ressemblance assez parfaite avec notre Lézard.

JULES. — Alors ce sont de jolis animaux ; car je trouve les Lézards bien gracieux.

LE PÈRE. — Ce n'est pourtant pas à dire

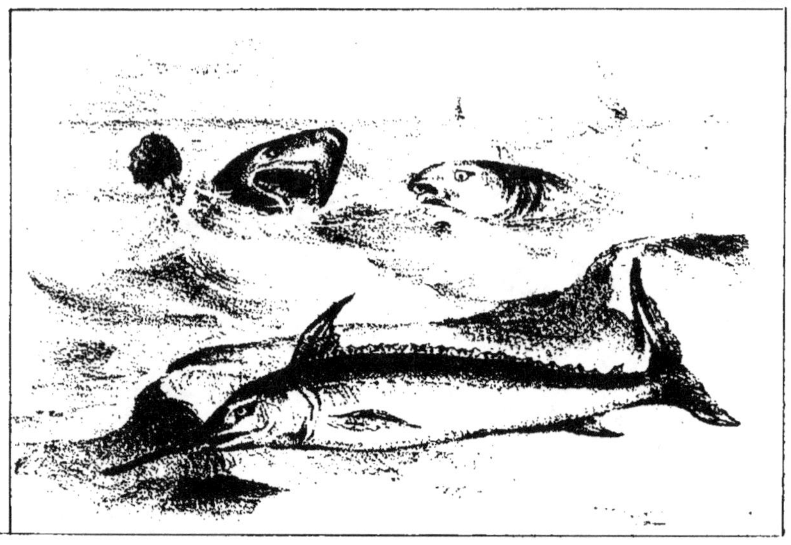

Requin, Espadon, Turbot.

Boa, Vipère, Tortue de mer
et d'eau douce.

que tous les animaux de cet ordre offrent la grâce et l'agilité du Lézard; mais tous ont, comme lui, le corps couvert d'écailles ou d'une peau écailleuse terminée par une queue qui semble la continuation du corps, diminuant graduellement jusqu'à la fin. Quelques-uns l'ont cependant arrondie en forme de cône aplati.

Parmi les *Sauriens*, on range le *Crocodile*, la terreur des Égyptiens et des habitans des côtes d'Afrique. Également agiles sur la terre et dans l'eau, ils y poursuivent également leur proie; il est difficile de leur échapper en courant en droite ligne; mais comme ils ont les vertèbres du cou garnies de saillies qui les empêchent de changer facilement de direction, on peut leur échapper au moyen de quelques détours. Comme presque tous les reptiles, le Crocodile est *ovipare*.

Le *Caïman* (Alligator) et le *Gavial;* l'un, originaire de l'Inde; l'autre, de l'Amérique, ne sont, en quelque sorte, que des variétés du Crocodile.

Les *Monitors* et les *Ameivas*, dont je ne

vous fais mention qu'en passant, paraissent n'être aussi que des variétés du Lézard, bien qu'ils soient d'une taille plus grande que celui-ci.

Je vous signalerai aussi l'*Iguane*, dont la chair offre une nourriture succulente; le *Stellion*, dont la colonne dorsale est garnie d'un rang d'épines redressées; les *Agames*, de la taille d'un Lézard, mais dont la morsure ne laisse pas que d'être dangereuse; l'*Istiure*, dont la peau très-lâche au-dessous du cou, se gonfle extrêmement quand l'animal est irrité; le *Dragon*....

ALPHONSINE. — Le terrible animal, avec le bec d'un Aigle, le corps et les griffes d'un Lion, et....

LE PÈRE. — Voilà Alphonsine qui nous fait de la Mythologie.

ALPHONSINE. — Est-ce que ce n'est pas ainsi qu'est fait le Dragon?

LE PÈRE. — Oui, celui qui n'existe que dans la fable; mais celui dont il est question, n'est point du tout semblable à celui que tu viens de nous décrire. C'est un *Saurien*, qui ne diffère du Lézard que par les sortes d'ailes qu'il a sur les côtés, et qui sont soutenues par un prolongement des côtes en ligne presque droite. Vous comprenez que ces ailes ont bien peu de mouvement, et ne peuvent que servir de parachute à l'animal, et lui faciliter la chasse des insectes qu'il poursuit de branche en branche sur les arbres. Le *Basilic* est encore une réputation usurpée ; il n'a rien de plus remarquable que notre Lézard ordinaire, qu'une taille plus grande et une saillie pyramidale à l'occiput. Le *Caméléon* n'a pas non plus la faculté merveilleuse de prendre la couleur des objets qui l'environne ; cette erreur est due sans doute à la transparence de sa peau, dont l'air et le sang peuvent, dans certaines circonstances, changer la teinte.

JULES. — Je vois bien maintenant qu'il peut être très-utile d'étudier l'Histoire naturelle ; on y trouve la vérité et le redressement de bien des erreurs grossières.

LE PÈRE. — Tu as bien raison, mon cher Jules, et ce ne sera pas la dernière fois que tu auras lieu de faire cette observation. Les *Bipèdes* et les *Bimanes* forment le passage des *Sauriens* aux *Ophidiens*. Les premiers sont des animaux qui ressemblent fort au Lézard, à cette exception, qu'ils ont le corps tout d'une venue avec la queue, et n'ont que deux pattes presque imperceptibles à l'extrémité du corps. Les *Bimanes* présentent la même singularité, sauf que ces deux pattes sont placées tout en avant du corps, près du cou; vous concevez que ces pattes ne peuvent leur être utiles à la marche, aussi ne se meuvent-ils qu'en rampant.

L'ordre des OPHIDIENS renferme tous les animaux que nous connaissons sous le nom de *Serpens*.

JULES. — Le grand *Boa* est un *Ophidien*.

ALPHONSINE. — Et la *Couleuvre* aussi.

LE PÈRE. — Les individus de cet ordre sont généralement fort dangereux.

JULES. — Sont-ils tous venimeux, mon père?

LE PÈRE. — Non, pas tous; mais la plupart, et tous ceux-là sont rangés dans une tribu particulière sous le nom de *Serpens ve-nimeux*. Occupons-nous d'abord de la classi-fication des **Ophidiens**. On les range sous trois tribus :

1° Les *Doubles Marcheurs*, qui comprend les *Amphisbènes*, dont la tête n'est pas sépa-rée du tronc par un cou plus mince, et dont la queue est de la même grosseur. Ses yeux sont fort petits, et quelquefois même il n'en semble pas avoir ; il jouit, comme son nom l'indique, de la faculté de marcher en avant et en arrière ;

2° Les *Serpens* sans venin, parmi lesquels on doit ranger les *Couleuvres*, dont on trouve en France plusieurs espèces ; les *Pythons*, qui atteignent quelquefois douze à quinze pieds ; les *Boas*, si redoutables par leur force prodigieuse, et les *Dypsades*, dont aucun in-dividu n'est venimeux ;

3° Les *Serpens venimeux* sont les plus re-doutables, et même les seuls redoutables de l'espèce, quelle que soit du reste leur taille; car parmi eux le plus petit donne aussi promptement la mort que le plus grand.

Cette faculté leur vient d'un appareil qui se trouve au-dessous de l'œil; la liqueur vénéneuse se forme dans une glande énorme; de chaque côté de la mâchoire, au-dessous de cette glande se trouve placée une dent percée d'un trou qui correspond à la glande; lors donc que la dent a pénétré dans la chair, le poison s'y verse aussitôt; la blessure est d'abord peu douloureuse; mais bientôt la plaie se gonfle, une soif insupportable s'empare de la victime, et si le venin est assez fort, quelques minutes après, elle meurt dans les plus vives douleurs.

Les *Serpens venimeux* sont tous *vivipares*, c'est-à-dire qu'ils mettent leurs petits vivans au monde. Dans cette tribu, les *Crotales*, ou *Serpens à Sonnettes*, se distinguent par leur nature malfaisante.

EDMOND. — Est-ce que vraiment ils ont des sonnettes?

LE PÈRE. — Non, mon petit Edmond; le bruit qu'ils font en marchant et qui leur a valu ce surnom, est produit par une suite d'écailles molles, lâchement emboîtées les unes dans les autres, et qui se froissent bruyamment quand ils marchent.

Les *Vipères* sont plus dangereuses encore ; car rien ne peut avertir de leur approche ; et bien plus, la ressemblance qu'elles offrent avec la Couleuvre, les rend plus à craindre que les autres.

Jules. — Est-ce que les Vipères peuvent donner la mort ?

Le Père. — Non, le venin de toutes les espèces n'est pas également dangereux ; il en est peu qui puissent donner la mort à de grands animaux ; mais il résulte de leur morsure une vive douleur suivie d'un gonflement considérable ; il est facile de les éviter, d'ailleurs, puisqu'on sait qu'elles ne sortent pas avant le lever du soleil, et qu'elles se retirent dès qu'il a atteint sa plus grande ardeur.

Jules. — C'est bon, quand nous irons promener au bois, j'aurai soin de ne m'aventurer qu'après midi.

Edmond. — Mais pendant l'hiver ?

Le Père. — Pendant l'hiver, les Vipères,

comme tous les Serpens, et comme presque tous les Reptiles, tombent dans un engourdissement léthargique, dont ils ne sortent qu'à l'approche des beaux jours.

ALPHONSINE. — Est-ce qu'il y a des Vipères dans les bois de Vincennes et de Boulogne?... Je n'oserais plus y aller...

LE PÈRE. — Rassure-toi, petite peureuse, il n'y en a pas, et l'on ne commence à en voir que dans la forêt de Montmorency et de Fontainebleau. Tu vois donc que tu peux jouer sans crainte à Vincennes et à Boulogne.

Le quatrième ordre des *Reptiles* est formé par les BATRACIENS, qui lient, en quelque sorte les Reptiles aux Poissons. Ils tiennent en effet de la conformation des uns et des autres. Dans les premiers temps qui suivent leur naissance, ils ont tous les organes des Poissons; mais ils les perdent bientôt, et dès qu'ils sont parvenus à leur développement complet, ils prennent tous les organes des Reptiles. Ce changement de constitution, connu sous le nom de *métamorphose*, est le trait le plus caractéristique qui distingue ces animaux des *Reptiles* en particulier, et de tous les *Vertébrés* en général.

Ce quatrième ordre des *Reptiles* se divise en *trois familles* bien séparées l'une de l'autre :

1° Les *Anoures*, dont le nom signifie privé de queue.

JULES. — Les *Grenouilles*, n'est-ce pas, mon père ?

EDMOND. — Ah ! oui, c'est pour cela que l'on dit d'une personne peu spirituelle : *Qu'elle n'est pas cause si les Grenouilles n'ont pas de queue.*

LE PÈRE. — C'est une de ces expressions qui, bien que fort expressive, est cependant trop triviale pour que je permette à mon petit Edmond de s'en servir.

La *deuxième famille* de l'ordre des *Batraciens*, renferme les URODÈLES, et la *troisième*, les PNEUMO-BRANCHES.

Parmi les *Anoures*, on range la *Grenouille*, trop connue pour qu'il soit nécessaire que je vous en fasse la description.

La *Rainette*, qui est cette jolie Grenouille

si vive, si svelte, que vous avez vu renfermée dans un bocal à demi-plein d'eau, avec une échelle ; ce *Batracien* peut servir de baromètre ; s'il doit pleuvoir, il s'enfonce dans l'eau ; quand, au contraire, il doit faire beau, il monte sur l'échelle qu'on lui donne ordinairement, et sort de l'eau. Il y en a qui sont bleu azur en dessus, et ont le ventre d'un blanc rosé ; ce sont les plus estimés. Le *Crapaud*....

ALPHONSINE. — Oh ! la vilaine bête ; je l'ai en horreur.

JULES. — Mais d'abord en as-tu jamais vu ?

ALPHONSINE. — Je n'en ai jamais vu de vivant ; mais j'en ai entendu dire toutes sortes de choses affreuses.

EDMOND. — Ah ! oui, je sais, ma bonne m'a raconté....

LE PÈRE. — Des contes, et des contes absurdes et déraisonnables. Le *Crapaud* est fort laid, et fort disgracieux en effet ; mais c'est d'ailleurs un animal paisible et inoffensif, qui n'a pas même d'armes pour se défendre de ses ennemis.

JULES. — Je croyais que le Crapaud était un Reptile venimeux.

LE PÈRE. — Tu te trompais, mon ami ; le Crapaud, quand il est vivement poursuivi, peut faire sortir, des pustules qui couvrent son corps, une humeur âcre et corrosive, qui cause souvent à ses ennemis une douleur assez vive pour les obliger à lâcher prise ; mais ce n'est pas là l'action d'un poison.

Les **URODÈLES** (*deuxième famille* des *Batraciens*), comprennent tous les Reptiles connus sous le nom de *Salamandre*.

EDMOND. — Ah ! voilà des animaux merveilleux !

ALPHONSINE. — Je le crois bien, puisqu'ils vivent dans le feu, comme le poisson dans l'eau.

LE PÈRE. — Es-tu de cet avis, toi, Jules ?

JULES. — Il me semble que cela n'est guère possible.

LE PÈRE. — Aussi cela n'est-il pas, et, bien plus, rien dans les habitudes des Salamandres n'a pu donner occasion à cette fable.

Les Salamandres, assez semblables aux Lézards, diffèrent cependant de ce Saurien, en ce que celles-ci n'ont point le corps couvert d'écailles, et ont les mouvemens plus lestes, et les couleurs moins vives ; elles ont aussi les habitudes plus monotones. La Salamandre n'est pas plus agréable que le Crapaud ; aussi, elle inspire au moins autant de répugnance ; elle est pourtant comme lui timide et inoffensive.

Les **PNEUMO-BRANCHES** (*troisième famille* des *Batraciens*) n'offrent dans leur nature aucune particularité remarquable que celle d'être munis en même temps de poumons, comme les animaux terrestres, et de branchies comme les Poissons ; de là, leur nom de *Pneumo-Branches.* Il est difficile de fixer l'esprit sur la forme qui leur est particulière, puisqu'on en trouve des individus assez semblables à la Salamandre et d'autres qui sont *Pisciformes.* Les principaux sont les *Syrènes,* dont le corps est allongé, et qui, dépourvues de pattes de derrière, n'en ont que de fort courtes par devant.

Le *Protée*, assez semblable à la Salamandre , mais dont le corps est cependant plus
allongé, et la queue plus plate. Sa manière
de vivre est, du reste, la même : il recherche
comme elle les eaux profondes, les endroits
sombres et solitaires.

Ce serait maintenant le moment de vous
faire connaître les Poissons ; mais outre que
que l'ychtiologie est une partie de l'Histoire
naturelle, aussi étendue à elle seule que toutes celles que nous avons déjà parcourues .
comme elle est aussi d'une moindre nécessité, et que l'on trouve plus rarement occasion d'utiliser cette science, et qu'enfin à votre âge, s'il n'est pas excusable d'ignorer les
mœurs et les classifications des grands animaux terrestres, des Oiseaux, des Reptiles,
il est pardonnable de ne point connaître les
mœurs et les classifications des habitans des
mers, je vais seulement tâcher de vous faire
comprendre la structure du Poisson en général, et les différences qui le séparent davantage des autres êtres.

En parlant des Oiseaux. j'ai déjà eu occasion de vous faire admirer la sagesse infinie du Créateur, qui a su varier les organes des êtres, et les modifier suivant le genre de vie auquel il les destinait, et la nature de l'élément dans lequel ils devaient vivre. En étudiant la nature des Poissons, vous aurez encore occasion de vous étonner davantage de la prodigieuse variété qu'il a su apporter dans toutes ses œuvres, en leur donnant à chacune leur cachet particulier, qui les distingue des autres, et à toutes cette perfection relative, témoignage manifeste de son pouvoir sans limites.

Les eaux engloutissent chaque jour une multitude infinie de corps organisés, qui bientôt, entrant en putréfaction, les corrompraient et rendraient ainsi la vie impossible à tous les animaux qui peuplent la terre et l'eau, puisqu'ils ne trouveraient plus à se désaltérer sans avancer le terme de leur vie. Le Créateur a prévu ce danger, et, pour purifier les eaux, il a fait les Poissons. Il a voulu qu'ils fussent d'une insatiable avidité, afin qu'indifférens sur le choix de leur nourriture, ils avalassent indifféremment tout ce qui se trouverait à leur portée.

Devant vivre dans l'eau sans jamais en sortir, il leur fallait des organes appropriés à ce genre d'existence. Aussi chez eux, nous ne trouverons plus de poumons ; mais des *branchies ;* les membres seront remplacés par des *nageoires ;* la peau ou le cuir, par des *écailles ;* les *branchies* sont placées à la partie antérieure du corps ; elles communiquent au-dehors par trois ouvertures ; l'une dont la bouche est le canal, et les deux autres placées du côté de la tête à l'endroit où nous pourrions supposer les oreilles. Les branchies sont formées par un certain nombre de veines, couvertes dans leur surface d'une multitude infinie de petits vaisseaux sanguins. Le poisson avale l'eau par la bouche, et avant de la rendre par les orifices latérales du cou que l'on nomme *ouïes,* il la fait filtrer à travers les branchies ; l'eau se décompose dans ce passage, et, déposant le peu d'air qu'elle contient, elle suffit à entretenir la circulation du sang chez l'animal. Si nous examinons ici la structure générale du Poisson, nous voyons qu'il a la forme allongée, aplatie sur les côtés, la tête petite, le corps généralement renflé vers le milieu, et terminé par une queue en nageoire, qu'il agite au moyen de muscles vigoureux, et dont il se fait un aviron qui le dirige à droite ou à gauche suivant sa volonté, et en ligne droite, en frappant l'eau alternativement des deux côtés par des mouvemens égaux. Son corps est couvert d'écailles, afin de neutraliser les effets du fluide où il se meut.

Enfin, un dernier caractère du Poisson, c'est d'être muni d'une vessie qu'il remplit ou vide d'air à volonté, et au moyen de laquelle il monte rapidement à la surface de l'eau ou plonge dans sa profondeur.

Ses nageoires sont des cartilages puissans au nombre ordinairement de cinq, et que réunit une membrane qui se rétrécit ou s'élargit à volonté; ces nageoires remplacent chez les Poissons les membres dont sont doués les Mammifères, les Oiseaux et la plupart des Reptiles.

Jules. — Les Poissons ont-ils un squelette osseux ?

Le Père. — Oui, mon ami; ce squelette comprend la tête et une première partie de l'épine dorsale qui s'appelle *grande arête;* l'autre portion, jusqu'à la queue, s'appelle *petite arête.* Le long de cette épine dorsale s'embranchent de petits os, qui semblent faire office de côtes et être destinés à donner de la consistance et de l'élasticité aux chairs latérales.

Edmond. — Est-ce que tous les Poissons sont bons à manger ?

Le Père. — Le plus grand nombre offrent à l'homme une nourriture aussi saine qu'agréable ; d'autres, comme les *Squales,* lui sont utiles, soit par l'huile qu'on en peut retirer, soit par leur peau; mais beaucoup cependant lui sont complètement inutiles, et plusieurs lui seraient nuisibles. Sans doute, nous trouverons au Cabinet d'Histoire naturelle les Poissons les plus importans; là, je vous en dirai tout ce qui pourra vous intéresser.

Je terminerai ici les notions d'Histoire

naturelle, dont je ne pense pas que vous puissiez vous passer ; demain, dans un petit examen, je m'assurerai que vous m'avez tous écouté avec assez d'attention, et que vous avez assez profité de mes enseignemens et de ceux de votre frère, pour qu'une visite au Jardin-des-Plantes vous soit profitable.

Le lendemain, les enfans s'aidant mutuellement, repassèrent ensemble de mémoire les leçons qu'ils avaient reçues ; ils tremblaient de crainte et d'espoir, quand, le soir venu, leur père commença le petit examen dont il les avait menacés ; mais telle avait été l'attention de tous, et leur désir d'aller passer une journée au Jardin-des-Plantes, que tout se passa à merveille, et que le père enchanté leur promit en les embrassant que leur promenade aurait lieu le mercredi suivant.

Une Journée

AU

JARDIN-DES-PLANTES.

DEUXIÈME PARTIE.

CHAPITRE Ier. — Le Départ. — Conversation pendant la route. — L'Arrivée. — La Petite Colline. — Les Galeries de Botanique. — L'Amphithéâtre. — Le Grand Ovale. — Le Cabinet d'Anatomie comparée. — Les Parcs des Animaux paisibles. — La Faisanderie — Volière des Oiseaux de Proie. — Les Perroquets. — La Rotonde. — La Grande Cage des Singes. — Les Loges des Animaux féroces.

Nous ne pourrions peindre le mouvement que l'attente du plaisir promis avait, dès la veille, causé dans la maison de M. Legendre. Le lendemain, devait avoir lieu la fameuse promenade; aussi les enfans étaient

dans un enthousiasme de joie que contenait
à peine la crainte de déplaire à leur bonne
mère; ils en avaient mal dormi pendant la nuit,
et leurs yeux s'étaient rouverts au premier
rayon de l'aurore. — Heureux âge ! si facile
au plaisir, si rebelle au chagrin ! — Le soleil
montait à peine à l'horizon, que chacun de
nos enfans était debout, impatient de partir,
et s'étonnant de voir que leur père ne parta-
geât pas leur empressement. Je ne vous ré-
péterai pas tout ce qu'ils échangèrent entr'eux
de paroles et de joyeux projets pendant les
premières heures de la matinée, qui leur
semblaient éternelles ; enfin on déjeuna,
bien à la hâte, je vous assure, chacun des
enfans prétendant n'avoir pas faim ; il fallut
presque les obliger à se mettre à table et à
prendre quelque nourriture ; enfin, M. Legendre envoya chercher une voiture, et bientôt nos jeunes promeneurs se virent, à leur
grande joie, sur la route du Jardin-des-
Plantes. Alphonsine prenait un tel plaisir à
se sentir ainsi entraînée, qu'elle ne prêtait
que peu d'attention à la conversation de ses

frères et de son père ; mais, la tête à la portière, elle examinait curieusement tous les objets qui passaient sous ses yeux, et jetait sur les passans des regards où se lisait une joie triomphante.

Quant à Jules et à Edmond, plus curieux que leur sœur, ils accablaient leur père et leur bonne mère de questions sur le Jardin-des-Plantes.

—Est-ce que le Jardin-des-Plantes n'était d'abord destiné qu'à l'étude de la Botanique, disait Jules à son père?

LE PÈRE. — Moins que cela encore, mon cher ami ; Louis XIII, en le fondant, n'eut d'autre intention que celle de mettre les plantes médicinales plus à la portée des pauvres gens et d'en rendre l'étude plus facile aux gens de l'art. De 1620, époque de sa fondation, à 1700, cet Établissement ne fut qu'un jardin en quelque sorte pharmaceutique.

JULES. — Mais, sous la direction de Buffon, si je me rappelle bien ce que tu nous en as dit, il acquit une plus grande importance?

LE PÈRE. — Avant Buffon même, on avait senti la nécessité de l'étendre davantage et d'y joindre d'autres études. Aussi de 1720 à 1792, prit-il des développemens qui ajoutèrent à sa gloire. L'étude de la nature y fut prise sur une plus haute échelle. C'est dans la dernière période de cette époque, et sous la direction du célèbre Buffon, que le Cabinet d'Histoire naturelle prit naissance.

JULES. — Mais, par les soins et le zèle de Bernardin de Saint-Pierre?.....

LE PÈRE. — Oui, tu as raison : c'est là une de ses plus brillantes époques ; c'est à Bernardin de Saint-Pierre qu'est due la Ménagerie.

Aussi de 1792 à 1830, nous voyons ce bel Établissement s'agrandir chaque jour, et prendre enfin, sous l'inspiration du génie de Cuvier, ses plus beaux développemens.

MADAME LEGENDRE. — Il me semble que depuis 1830, on y a fait de grandes et nombreuses améliorations.

LE PÈRE. — Oui, sans doute ; ce n'est pas la moins remarquable des époques du Jardin-des-Plantes, et j'allais en parler. De cette époque, date la nouvelle Ménagerie des Animaux féroces, la Volière des Oiseaux de proie, la Faisanderie, les nouvelles Serres, la superbe Cage des Singes, et enfin le Cabinet de Minéralogie et de Géologie, due encore à l'influence de l'illustre Cuvier.

JULES. — Est-ce que nous verrons tout cela aujourd'hui, mon père?

LE PÈRE. — Certainement.

JULES. — Nous n'aurons certainement jamais le temps.

LE PÈRE. — J'espère pourtant que cette journée nous suffira ; grace aux notions d'Histoire naturelle que vous possédez déjà, et au moyen desquelles vous me comprendrez à demi-mot, sans qu'il soit nécessaire d'entrer dans de grands détails. D'ailleurs, nous passerons rapidement sur beaucoup de choses qui ne vous sont pas d'une très-grande utilité aujourd'hui.

EDMOND. — Comme par exemple sur les objets que contient le Cabinet de Géologie.

JULES. — Ou bien plutôt sur les Animaux

que renferme la Ménagerie, il nous suffira de les voir en passant.

EDMOND. — Tu ne parles que pour toi, parce que tu les as déjà vus ; mais moi je voudrais rester bien long-temps à voir le Lion, le Tigre, l'Éléphant et.....

JULES. — Et enfin tous les animaux ? S'il fallait t'en croire, nous ne sortirions de la Ménagerie qu'à la fin du jour..... Tu ne pense qu'à toi.....

LE PÈRE. — Tranquillisez-vous, mes enfans, nous nous arrangerons de manière à ce que tout le monde soit content.

ALPHONSINE, *se retournant enfin.* — Est-ce qu'il y a de belles fleurs dans les Serres, mon papa ?

MADAME LEGENDRE. — Vous allez voir qu'Alphonsine ne va vouloir visiter que les fleurs.

ALPHONSINE. — Oh ! si, maman, je voudrais bien voir tout ce que contient le Jardin-des-Plantes ; mais je crois que j'aimerais mieux rester plus long-temps à admirer les fleurs que le reste.

LE PÈRE. — Je conçois, ma fille ; les goûts

les plus simples et les plus calmes sont de
ton sexe, et je tâcherai de les satisfaire sans
nuire à ceux de tes frères.

Pendant cette petite conversation, la voiture avançait assez rapidement, grâce aux efforts des pauvres chevaux qui la traînaient,
et l'on était en vue du Jardin-des-Plantes.
Alphonsine, placée dans la voiture comme
un matelot en vigie sur un navire, fut la
première à le signaler : « Le Jardin-des-Plantes! s'écria-t-elle; nous y voilà! » Et ses
paroles étaient empreintes d'autant de joie
que peut en témoigner celle du matelot qui,
fatigué d'une longue navigation, crie enfin
du haut de son mât : « Terre! terre! » On
était devant l'entrée de la rue de Seine. En
deux bonds, les enfans sont hors de la voiture, et déjà ils étaient sur la petite colline,
quand Monsieur et Madame Legendre les re-
joignirent; il leur fit remarquer, en parcourant les allées sinueuses qui conduisent à son
sommet, les arbres toujours verts qui l'ani-
ment et ajoutent à son charme. Ici, leur di-
sait-il, voici des *Conifères,* ainsi nommés de

leurs fruits en cône; plus loin, des *Cyprès*, des *Mélèzes*, des *Pins*, des *Sapins*, arbres qui, par leur éternelle verdure, conservent, même au milieu de l'hiver, un charme continuel à ce petit labyrinthe, et lui ont valu le surnom de : *Côteau aux Arbres toujours verts* qu'on lui donnait autrefois, et qu'on lui donne encore souvent aujourd'hui. Arrivés au sommet, les enfans furent ravis en découvrant d'un coup-d'œil l'ensemble du Jardin qui se présentait à eux avec toutes ses beautés, comme un vaste tableau qui varie à l'infini. — Voilà les Serres, disait Edmond, — et les Parcs des Animaux tranquilles, reprenait Jules, — et les Parterres de Fleurs, et les grandes allées de Marronniers, ajoutait la jeune sœur.

Après les avoir laissés un moment à leur joie et à la contemplation des sites enchanteurs qui s'offraient à leurs yeux, le père se dirigea vers la Galerie de Botanique qui se trouvait presqu'en face, en descendant entre les deux grands pavillons. Ce bâtiment, faisant suite au Cabinet de Minéralogie, n'était pas encore achevé, et n'était point encore ouvert au public; mais M. Legendre, intimement lié avec plusieurs des professeurs, s'était procuré les moyens de visiter toutes les salles sans éprouver de retard ni de difficulté; un employé subalterne l'accompagnait partout, et lui ouvrait toutes les portes. Les Galeries de Botanique, par leur aspect sévère, n'intéressaient que peu nos jeunes visiteurs, et Jules lui-même se hasarda à demander à son père à quoi pouvaient servir des Galeries de Botanique?

Le Père. — Ta question m'étonne, mon cher ami; cela témoigne peu de réflexion pour un jeune homme de ton âge. Tu aurais dû penser qu'en visitant le Jardin de Botanique, les Serres, etc., on ne peut y voir tous les végétaux avec leurs fruits; de plus, que beaucoup de végétaux étrangers ne peuvent, malgré tout l'art du jardinier, se conserver dans notre pays; enfin que parmi les végétaux exotiques qui se conservent sous notre climat, beaucoup n'y donnent jamais de fruit.

Jules. — Comme l'Oranger, par exemple?

LE PÈRE. — Les Orangers ne produisent jamais ou bien rarement des fruits dans tout le Nord de la France ; mais la Provence nous en envoie beaucoup ; il n'en est pas de même du Cocotier, par exemple, dont voici le fruit.

ALPHONSINE. — Comme il est gros : c'est donc cela qu'on appelle noix de Coco..... A quoi peut-on l'utiliser ?

LE PÈRE. — Avec l'écorce de ce fruit, on fait de très-jolis meubles, des vases, des gobelets.

EDMOND. — Et des tabatières très-bien ciselées ; car j'en ai vu une à M. Lourin, ton ami.

LE PÈRE. — C'est vrai. Comme vous le voyez, la matière qui enveloppe la noix du Coco, est un brouet d'une espèce grise, rougeâtre et filandreuse, dont les Indiens font de la ficelle, des câbles et des cordages. La moëlle du noyau est bonne à manger et d'un goût qui approche de celui de l'amande.

ALPHONSINE. — Oh ! papa, quel est ce gros fruit placé ici un peu plus loin ?

LE PÈRE. — C'est le fruit du *Baobab*, le plus

gros des arbres connus ; on l'appelle aussi *Pain de Singe;* sa pulpe spongieuse contient une eau acide dont les Nègres font usage contre les fièvres putrides ; les cendres de ce fruit sont employées par eux à faire, par son mélange avec de l'huile, un assez bon savon. Voici à côté le fruit et la *Racine* du *Savonnier,* qui, aux Antilles, remplace le savon même ; on doit en faire usage avec économie ; sans cela, le linge est usé vite, et même brûlé.

ALPHONSINE. — Voici une espèce d'orange.

LE PÈRE. — C'est le fruit de la *Palmpelmousse;* la chair en est excellente et le jus rafraîchissant ; cet arbre n'est pas rare aux îles de France et de Bourbon. Voici des graines ou noix d'Acajou ; le suc qu'elles contiennent est âcre, mordicant et très-imflammable ; l'amande du fruit est bonne à manger. Avec le bois de cet arbre, on fait les jolis meubles que vous connaissez. Ce gros fruit rond, à peu de distance, c'est le *Boulet de Canon* qui vient d'un arbre appelé *Pékea;* il croît à la Guyanne. et les habitans se montrent fort avides de l'amande qu'il contient ;

il ne doit son nom qu'à sa forme. Ici, les graines du Rocou qui s'emploient en teinture pour le rouge, le jaune, etc. Le fruit du Gouyavier, dont les Américains font grand cas, quoiqu'il ne soit pas très-sain mangé cru.

EDMOND. — Ah! je reconnais le fruit que voilà: c'est le poivre de la Jamaïque, ou *piment* anglais, si bien employé dans les sauces.

LE PÈRE. — Et à côté?

EDMOND. — Ma science ne va pas si loin.

LE PÈRE. — C'est la graine d'Avignon, qui provient d'une espèce de Nerprun qui croît dans les environs d'Avignon, et qui fournit aux peintres une belle couleur jaune, qu'on appelle *stil de grain.*

MADAME LEGENDRE. — Moi, je reconnais celui-ci! C'est l'écorce de l'arbre à Cannelle, dont le parfum et le goût sucré font si bien dans les sauces.

LE PÈRE. — A côté, voici des échantillons de divers bois:—l'Ébène marbrée;—l'Ébène grise;— l'Acajou;— le Santal;— l'Ébène blanche;— le Saule;— le Hêtre;—l'Acacia, etc. ; — des racines de Buis ; — des écorces du Bouleau de Norwège ; — des bois coupés à différens âges.

Jules. — Je voudrais que tu nous dises, papa, à quoi ces échantillons de bois peuvent servir ?

Le Père. — Volontiers ; d'abord, à connaître la force et la consistance du bois à diverses époques ; enfin, à savoir son âge.

Edmond. — Comment cela, papa ?

Le Père. — On a fait sur ces tranches rondes que présente l'intérieur du tronc, une observation assez curieuse, et qui, à défaut d'autres renseignemens, fournit un moyen de reconnaître l'âge de l'arbre sur lequel on les a coupées ; il suffit, pour cela, de compter les petites tranches environnant le point du centre, lesquelles sont remarquables, surtout dans l'arbre vivant, par leur couleur plus ou moins foncée ; et comme on est certain que les arbres croissent en grosseur par l'addition d'une couche annuelle, qui passe de l'état d'aubier à celui de bois, il s'ensuit que chacune de ces tranches indique une année de vie de l'arbre. — Voici, dans les cases suivantes, de beaux échantillons de Baumes et de Résine que les arbres de l'espèce des Pins, Sapins, Mélèzes, que les plantes de la *famille* des Terébinthes, etc., laissent découler naturellement, ou qu'on en fait découler en faisant des incisions à leurs troncs.

MADAME LEGENDRE. — Voilà de belles bougies ; mais que font-elles parmi les échantillons de végétaux ?

LE PÈRE. — C'est que ce sont des *Bougies végétales*.

TOUS LES ENFANS. — Des *Bougies végétales !*

LE PÈRE. — Elles ont été fabriquées avec la cire que l'on a retirée d'un arbre appelé *Cirier*, qui croît naturellement au Canada, à la Louisiane, et qui a même rapporté des fruits en France.

ALPHONSINE. — A présent, voici de la dentelle.

LE PÈRE. — C'est le réseau intérieur de l'écorce du *Bois à Dentelle*.

ALPHONSINE. — La dentelle ne doit pas coûter cher dans le pays où croît cet arbre.

Le Père. — Maintenant voilà des écorces de Bouleau ; on en fait des vases, des plats, etc. ; les Gaulois, nos ancêtres, s'en servaient, au lieu de papier, pour écrire dessus. — Des racines de Fêves d'Amérique, aujourd'hui naturalisées en France ; enfin, un Cédrat, espèce de Limon d'Amérique, et qui a un léger parfum de bois de Cèdre, d'où il tire son nom ; le fruit des Glandes de Saint-Thomas ; des Abrus, que l'on montait, il y a quelques années, en breloques de montres et en pendans d'oreilles ; enfin, des herbiers que je ne vous ferai pas visiter dans la crainte de prolonger une séance déjà longue, et qui ne semble pas vous intéresser extrêmement.

Les enfans se turent à ces paroles de leur père, qui ressemblaient un peu à un reproche ; ils n'osèrent pas se disculper, crainte de mentir ; mais ils prirent joyeusement le chemin du Jardin ; en passant devant l'Amphithéâtre, Jules demanda à son père d'où venait le nom de ce bâtiment, et à quoi il servait.

Le Père. — Il était destiné aux Cours publics, et il portait le nom d'*Amphithéâtre*, qu'il a conservé, parce que les Élèves y étaient rangés par gradins, comme les spectateurs dans les théâtres anciens.

Jules. — Et quels sont les Cours qui s'y faisaient?

Le Père. — Des Cours de *Physiologie végétale* et de *Botanique*, de *Culture et de Naturalisation* des Végétaux, de *Minéralogie*, de *Chimie générale*, de *Géologie*, de *Chimie appliquée aux Arts*, d'*Anatomie comparée*, et de beaucoup d'autres, dont je vous entretiendrai plus tard.

On était arrivé au *Cabinet d'Anatomie comparée*; mais Madame Legendre et sa fille se reculèrent à la vue de squelettes et d'une multitude d'ossemens et de portions de corps d'hommes ou d'animaux, conservées dans de l'esprit de vin. Elles ne voulurent pas demeurer davantage dans ce Cabinet; M. Legendre se rendit à leur susceptibilité, et fit seulement parcourir de l'œil, à ses deux fils, la multitude d'objets que renfermait cet endroit; puis, en sortant, il leur dit: « Vous de-

vez comprendre l'utilité de ces collections ;
la comparaison que le naturaliste est à même
de faire constamment des diverses constitu-
tions des races humaines et de celles des animaux, en fixe mieux les différences dans son
esprit, et en rend l'appréciation et le souvenir
plus faciles ; à l'aide de ce moyen, on expli-
que des faits restés long-temps inexplica-
bles ; on parvient à des découvertes importantes ; enfin, les races changent, s'altèrent
ou s'éteignent ; comment alors la science
pourrait-elle en conserver une description
exacte ? Ce n'est pas sur des peaux d'animaux empaillés qu'on en connaîtra la constitution intérieure ; car nous avons déjà vu.
et nous pourrons voir encore des animaux
qui, semblables au premier coup-d'œil, forment des races bien différentes, quand la
science les a ainsi complètement analysés ;
le Cabinet d'Anatomie comparée est donc un
véritable trésor scientifique, une œuvre mo-
numentale digne du grand génie qui l'a con-
çue.

Dans la cour qui se trouve derrière le Cabinet d'Anatomie comparée, les enfans, toujours curieux, découvrirent un immense squelette, qui les émerveilla beaucoup ; leur père leur apprit que c'était le squelette d'un *Cachalot,* et leur rappela ce qu'il leur en avait déjà dit dans leurs instructions sur l'Histoire naturelle ; puis, sous la voûte, des vertèbres de *Baleine;* enfin, la famille quittant ce lieu, entra par la porte de droite dans l'enclos où sont renfermés les parcs des Animaux paisibles, ce dont se réjouit hautement notre ami Jules.

Avant d'aller plus avant, leur dit leur père, j'ai quelques notions à vous donner sur l'utilité de la Ménagerie. Nous lui devons plusieurs de nos Oiseaux de basse-cour qu'elle a acclimatés en France ; comme le Dindon, les Pintades, des Bœufs de plusieurs espèces, des Oiseaux aquatiques, des Chèvres de Cachemire entr'autres, dont le croisement avec d'autres races nous a donné des fabriques de cachemires français.

MADAME LEGENDRE. — Voudrais-tu m'expliquer, mon ami, comment cela s'est fait ?

M. Legendre. — On a remarqué dans certaines époques de l'année, que les Chèvres du Thibet perdent le poil soyeux qui les couvre ordinairement, et que, dessous ce poil, se trouve une laine d'une qualité bien inférieure ; on a donc choisi ceux de ces individus chez qui cette laine était la plus abondante, et, par leur croisement avec d'autres races, on a obtenu une espèce qui nous donne la laine soyeuse, connue sous le nom de Cachemire français. C'est à la Ménagerie que M. Frédéric Cuvier, le frère de l'illustre professeur, a pu faire, sur les mœurs et la nature des Animaux, toutes ses savantes observations qui sont consignées dans un des volumes que public annuellement l'*Académie des Sciences*.

— Oh ! le bel animal, s'écria Madame Legendre ; comme il est svelte et bien proportionné ; comme il a l'air doux.

Le Père. — C'est un *Ruminant* américain, une variété du *Lama*, un croisement de la *Vigogne*. — On pense que c'est l'*Ippélaphe*, ou *Cerf-Cheval* d'Aristote. Les Américains l'ont réduit en domesticité comme le *Lama* ;

14

il traîne des charettes, porte des fardeaux, et sa toison, qui retombe en longues mêches séparées, fournit une soie qui ne le cède qu'à celle des *Chèvres* du Thibet. A côté, un *Bouc* et une *Chèvre* d'Angora, dont les poils longs et frisés servent à fabriquer les étoffes de camelot. Ils ont, pour voisins, un *Alpaga* du Pérou, variété de l'espèce, et un *Cerf* du Malabar, dont la race s'acclimate et se propage très-bien en France. A proximité, voici un *Cerf* encore du Malabar, et un *Isard*, variété de l'espèce.

Jules. — Je reconnais plus loin un *Échassier*.

Le Père. — C'est la *Grue* ou *Demoiselle de Numidie*. Ces Oiseaux sont remarquables par l'amour qu'ils se témoignent en famille; on les a pris pour emblêmes de la piété filiale; ils font des voyages considérables du Nord au Midi, et volent en compagnies nombreuses qui forment le triangle, et suivent toutes un seul individu qui est comme leur chef et le guide du voyage; quand il est fatigué, il cède sa place à celui qui le suit, et

Gazelle.

Alpaga.

va se mettre à la queue de la bande. Ces mutations ont lieu continuellement jusqu'au terme du voyage. Il faut remarquer qu'ils ne voyagent que de nuit; le jour, ils s'abattent dans de vastes plaines, où ils vivent de graines, d'herbes, d'insectes ou de reptiles.

JULES. — Je n'ai pas besoin qu'on me nomme ceux qui suivent pour les connaître; ce sont des *Palmipèdes*....

ALPHONSINE. — Et des *Gallinacées*.

LE PÈRE. — Très-bien : voilà en effet, des *Oies*, des *Canards*, des *Poules* et des *Pintades*; mais ce que vous ne savez pas, c'est que ce dernier *Gallinacée* nous vient d'Afrique : il se multiplie difficilement en France; la femelle y abandonne souvent ses œufs.

MADAME LEGENDRE. — Quel dommage ! C'est un bel oiseau.

LE PÈRE. — Oui; mais dont la chair n'a pas une grande délicatesse; de plus, il a une voix si criarde, et il la fait entendre si souvent, qu'il devient insupportable aux autres Oiseaux de basse-cour, et les fait fuir quelquefois.

MADAME LEGENDRE. — Alors, je regrette moins que la femelle abandonne ses petits.

EDMOND. — Comme l'Oie a l'air stupide.

MADAME LEGENDRE. — C'est possible , pendant sa vie ; mais tu ne dis pas cela quand elle paraît sur la table.

LE PÈRE. — Voilà qui est raisonné en ménagère ; d'ailleurs, l'Oie n'est pas si stupide qu'elle en a l'air, et Buffon raconte l'histoire d'un Jars ou Oie de la grande espèce, qui, par reconnaissance d'un service qu'il lui avait rendu, s'était attaché à sa personne, le suivait partout, vivant familièrement avec lui dans son appartement, obéissant à sa voix, et lui donnant toute sortes de marques d'intelligence et d'affection. — Saurais-tu reconnaître, Alphonsine, de quelle *famille* sont les Oiseaux du parc suivant ?

ALPHONSINE. — Je crois que oui ; mon papa, ce sont des *Échassiers*.

LE PÈRE. — Je vois que tu as été attentive à nos entretiens ; oui, c'est le *Casoar à Casque* ou *Casoar de l'Archipel indien*. Il est de la *famille* des *Autruches* ; mais ses plumes,

Paon, Casoar, Cigogne.

Autruche, Bernache armée.

presqu'entièrement dégarnies de barbes, ne peuvent être utilisées en rien. Il est fort léger à la course. On le reconnaît aisément à l'énorme tubercule qui s'élève sur sa tête. Son voisin, le *Casoar de la Nouvelle-Hollande*, est plus petit, et n'a pas d'éminence sur la tête ; il est plus agile à la course que le meilleur Lévrier.

JULES. — Ici, je reconnais des *Autruches*, dont les plumes servent à faire des panaches, des plumets pour les dames.

LE PÈRE. — Voici réunies les deux variétés du genre ; l'*Autruche* de l'ancien continent, et le *Nandou* ou *Autruche* d'Amérique. Il est plus petit que le premier, et ses plumes raides et mal embarbées, ne peuvent servir qu'à faire des plumeaux.

EDMOND. — Encore un *Échassier*.

LE PÈRE. —

> « Sur ses longs pieds, un jour allait je ne sais où,
> Le Héron au long bec, emmanché d'un long cou.
> Il côtoyait une rivière. »

Ces trois vers du sublime La Fontaine, vous

expliquent parfaitement la conformation du *Héron* et ses mœurs aquatiques ; vous pouvez déjà juger que c'est un *Oiseau pêcheur*. Les Hérons sont des Oiseaux tristes et solitaires, qui passent des heures entières dans une complète immobilité sur les bords des eaux, à attendre que le poisson se présente ; quelquefois cependant, fatigués d'attendre, ils se promènent à pas comptés en piétinant dans la vase pour en faire sortir les animaux qui s'y cachent. Au sujet de ses longues jambes, je dois vous faire une observation : c'est que la sage Nature a donné à tous les Animaux qui ont des jambes très-hautes, un cou proportionné à cette hauteur ; sans cette précaution, ils n'auraient pu prendre leur nourriture qu'avec beaucoup de peine ; vous en voyez la preuve dans le *Héron ;* laissez-lui ses jambes grêles et exhaussées, et donnez-lui un cou ordinaire, il sera bien mal partagé ; cette observation, qui prouve avec quelle sagesse la Nature procède toujours dans ses opérations, vous pouvez l'appliquer à d'autres Oiseaux de la même *famille* en particulier et en général à tous les animaux qui passeront sous nos yeux. C'est une règle invariable; tous les Oiseaux qui ont de longues jambes ont un long cou; ce qui ne dit pourtant pas que tous les Oiseaux qui ont un long cou, doivent avoir de hautes jambes; la nécessité n'est plus la même; vous en verrez des exemples dans le *Harle*, le *Pélican*, le *Cygne*.

Jules. — Oh! le singulier oiseau; on dirait qu'il a des éperons aux ailes.

Le Père. — C'est une variété du genre des *Canards*, la *Bernache armée*, ainsi nommée de l'ergot qui termine ses ailerons. Les deux *Palmypèdes* suivans sont aussi des variétés de l'espèce *Canard*.

— Les enfans, par un léger détour du parc précédent, se trouvèrent en présence de la Faisanderie.

Jules. — Oh! les jolis Oiseaux! Quels reflets éclatans brillent sur leur plumage.

Madame Legendre. — Ce sont les plus beaux *Gallinacées*. Le *Faisan* ordinaire, dont les gourmets sont si friands; le *Faisan doré*, si remarquable par la beauté de son plumage;

le *Faisan argenté*, qui prend son nom de la couleur de ses plumes; le *Faisan à collier*.

JULES. — Oh! un *Merle blanc;* moi qui disais toujours, quand je voyais un de mes camarades entreprendre une chose que je jugeais impossible : Si tu réussis, je te donne un *Merle blanc*.....

LE PÈRE. — C'est que tu croyais qu'il n'en existait pas ; tu dois reconnaître ton erreur.

ALPHONSINE. — *Coucou! Coucou!*

LE PÈRE. — C'est un *Grimpeur*, dont le nom indique assez bien le cri monotone. Le *Coucou* se distingue de tous les autres Oiseaux par une habitude fort singulière. La femelle dépose ses œufs dans le nid des Passereaux insectivores, après avoir d'abord mangé les œufs qui s'y trouvent.

ALPHONSINE. — Mais ces pauvres Oiseaux, privés de leurs œufs, doivent casser ceux qu'ils trouvent à leur place.

LE PÈRE. — Cela serait naturel ; mais, par un fait extraordinaire, c'est le contraire qui arrive, et les œufs des *Coucous* sont couvés avec un soin particulier, et les petits élevés comme l'auraient été leurs propres petits. A côté, voici le *Martin Rose*, qui prend son nom de la couleur de son plumage; l'*Outarde*, si recherchée par la délicatesse de sa chair; celle-ci, comme vous le voyez, est une variété de l'espèce; elle nous vient de l'Algérie; les *Hoccans* et les *Hoccos, Gallinacées* du genre des *Alectors* (Amérique); c'est encore une conquête de l'Homme sur la Nature; ces animaux peuplent avantageusement une basse-cour; leur chair a quelque ressemblance avec celle des Dindons; le *Harle*, Palmipède de l'espèce des *Canards*, les *Foulques* et les *Râles*, qui sont des oiseaux de rivage. Les *Foulques* se nomment quelquefois aussi *Poules d'Eau*.

Jules. — Puisque nous voilà aux *Oiseaux*, si tu le voulais, papa, nous pourrions passer de suite à la volière des Oiseaux de proie.

Le Père.—J'allais vous le proposer; cette manière de visiter la Ménagerie sera plus naturelle, et partant plus profitable.

Madame Legendre. — Quel Oiseau monstrueux! Bien que j'en eusse lu souvent des descriptions, je ne m'étais pas fait une idée de son aspect formidable.

LE PÈRE. — Le *Condor* n'a pas de formidable que l'aspect seul ; car il possède à un plus haut degré que l'Aigle toutes les qualités qui rendent celui-ci redoutable, non-seulement aux espèces plus petites d'Oiseaux, mais aux Quadrupèdes et à l'Homme même. On en a vu dont les ailes avaient plus de douze pieds d'envergure. Ce *Rapace* est d'une telle force, qu'il ravit et dévore une Brebis entière ; il n'épargne pas les Cerfs, et s'attaque même à l'Homme. Il a le bec si fort qu'il perce la peau d'une Vache ; et deux de ces Oiseaux peuvent en tuer une et la manger. Il place son aîre dans les rochers les plus inaccessibles. Ces énormes Oiseaux semblent remplacer les Loups dans l'Amérique Méridionale ; ils sont aussi redoutés par les habitans, que les Loups dans les autres climats. On emploie plusieurs moyens pour les détruire. Quelquefois un homme s'affuble de la peau d'un Veau nouvellement tué, va, vient, s'arrange de manière que quelquefois le *Con-*

dor, trompé par ce déguisement, fond sur lui pour l'attaquer : alors, d'autres personnes, qui s'étaient tenues cachées, viennent secourir leur compagnon, et tombant toutes à la fois sur l'Oiseau, l'accablent par le nombre, et le tuent. D'autres fois, on porte une charogne au fond d'un vallon profond ; lorsque l'Oiseau s'est rassasié, et qu'il est dans l'impossibilité de voler librement, des hommes qui se tenaient près de là , le combattent et s'en rendent maîtres. On les prend aussi par le moyen des piéges et des filets.

MADAME LEGENDRE. — Ah ! quelle odeur affreuse exhale cet Oiseau dégoûtant.

JULES. — C'est un *Vautour.* J'ai lu que, pendant la nuit, il se tenait perché sur des rochers, les ailes étendues, pour se purifier.

LE PÈRE. — Le Vautour se distingue par l'instinct de la plus basse gourmandise, de la lâcheté et de la voracité ; ces Oiseaux dégoûtans ne se nourrissent que de charognes, et ne combattent les vivans que quand ils ne peuvent assouvir leur faim sur les morts. Ce-

lui que vous voyez est le *Vautour royal d'A-
mérique*, et je vous assure qu'il n'a de *royal*
que le nom ; il est parmi les Oiseaux ce qu'est
la *Hyène* parmi les Quadrupèdes.

JULES. — Et L'*Aigle royal* mérite-t-il aussi
peu ce titre?

LE PÈRE. — L'*Aigle* en est digne, et Buffon a remarqué qu'il avait beaucoup de ressemblance avec le Lion ; comme lui, il a le
regard ferme et ardent, l'air hautain et majestueux ; il est remarquable par son courage
que rien n'effraie ; l'Aigle laisse, comme le
Lion, les restes de sa pâture aux plus petits
Oiseaux de proie.

L'audace de ce *Rapace* est inimaginable : il
enlève les jeunes Agneaux jusque sous les
yeux des bergers. Il est difficile de le réduire
en servitude, et jamais on n'a pu l'employer
à la chasse. Dans l'état d'esclavage même, il
est encore à craindre.

« Un gentilhomme écossais avait un Aigle
qu'il tenait enchaîné ; son gardien frappa cet
oiseau injustement avec un fouet ; environ une
semaine après cet évènement, le gardien en

Perchoptère, Merle blanc, Aigle.

Ara, la Veuve, Faisan doré.

se baissant pour chercher sa chaîne, tomba ; alors l'animal furieux, se rappelant la dernière insulte qu'il avait reçue, se jeta sur son visage avec une telle violence qu'il lui fit une blessure profonde. Heureusement que la force du coup jeta l'homme assez loin pour être hors de son atteinte. Les cris de l'Aigle alarmèrent tous les gens de la maison qui accoururent avec empressement. On trouva le pauvre gardien étendu par terre, à quelque distance, aussi étourdi par la frayeur que par le mal ; l'Oiseau, dans une rage affreuse, frappait des pieds, et continuait à crier ; enfin, quand tout le monde fut parti, il rompit sa chaîne par la violence de ses efforts, et s'échappa pour toujours. »

Alphonsine. — Je ne m'amuserai jamais à retenir des Aigles en cage.

Jules. — Je le crois, ni moi non plus. J'aurais trop peur qu'il ne m'en arrivât autant.

Le Père. — Vous avez sous les yeux plusieurs variétés de l'espèce des Aigles : Le *Circaëte-Jean-le-Blanc,* le *Balbuzard,* les *Pygargues,* d'Amérique, de France, d'Islande ;

des *Aigles à Tête blanche*, des *Aigles communs*, etc.

ALPHONSINE. — Je suis sûre que ce vilain *Rapace* qui est là devant-nous est un *Nocturne*. Il a l'air trop stupide et trop endormi pour qu'il en soit autrement.

JULES. — C'est le *Grand Duc* et toute son auguste famille de *Hibous*.

LE PÈRE. — Tels que le *Percnoptère*, la *Buse* et les *Gypaëtes* ici présens ; enfin, le *Milan*, qui n'a qu'une ressemblance apparente avec les précédens ; car, loin d'aimer le repos, comme les Buses et les Gypaëtes, les *Milans* sont presque toujours dans les airs, et ne paraissent se reposer que la nuit : ils volent, tantôt avec grâce, tantôt avec une immobilité qui tient du prodige. Parmi les Oiseaux de proie diurnes, qui ont tous la vue si perçante, le *Milan* l'emporte encore : planant dans les airs, à une hauteur prodigieuse, il distingue sur la terre les petits animaux dont il fait sa proie.

— Et les *Perroquets*, s'écria tout-à-coup Alphonsine, nous les avons passés.

Le Père. — Eh! bien, nous allons y revenir, et donner à ces *Grimpeurs* l'attention qu'ils méritent tous : les uns, par la beauté de leur plumage, et les autres par la singularité de leurs dispositions à imiter la voix humaine.

On divise ce genre en plusieurs sous-genres : 1° les *Aras*, qui sont les plus grands du genre, ont la queue étagée, et, autour des yeux, un large espace couvert d'une peau ridée et sans plumes ; ils sont originaires de l'Amérique ; vous en voyez un ici, l'*Ara tricolor* ; 2° les *Perruches*, qui sont plus petites et ont aussi la queue étagée ; mais le tour des yeux emplumés ; 3° les *Kacatoës*, remarquables par la huppe qu'ils portent sur la tête ; 4° les *Perroquets ordinaires*, qui ont la queue arrondie et le plumage gris ou vert, comme le jacot ; 5° le *Psittacule*, gros comme un Moineau. Les plus intéressans sont, à coup sûr, les *Perroquets ordinaires*, et l'on en raconte des choses vraiment étonnantes.

Alphonsine. — Oh! dis-nous-en des histoires, mon petit papa.

LE PÈRE. — Eh! bien, en nous dirigeant vers la Rotonde des Singes, je vais vous en raconter quelques-unes.

LES ENFANS. — Ah! quel bonheur.

Et tous se groupèrent, pour mieux entendre, autour de leur père.

LE PÈRE. — Cet Oiseau vient de Guinée ou de l'intérieur de l'Afrique ; vous savez avec quelle promptitude il apprend à imiter la voix humaine. Lorsque l'on cultive sa mémoire, elle devient étonnante, et un historien parle d'un *Perroquet* qui récitait correctement tout le *Symbole des Apôtres*.

LES ENFANS. — Ah! que c'est singulier!

LE PÈRE. — Ce qu'il y a de plus singulier encore, c'est que l'on a vu des *Perroquets* parler avec une sorte de suite d'idées, et sembler se rendre compte de la valeur de leurs paroles. Willougby parle d'un Perroquet qui, lorsqu'on lui disait: « Ris, Poll, ris, » éclatait de rire sur-le-champ, et un moment après s'écriait : « Quelle impertinence ! m'ordonner de rire ! »

LES ENFANS. — C'est vraiment étonnant !

LE PÈRE. — Goldsmith raconte qu'un Perroquet qui appartenait au roi Henri VII, et qu'on laissait toujours dans une chambre, dont les fenêtres donnaient sur la Tamise, avait appris plusieurs phrases qu'il entendait répéter tous les jours aux bateliers et aux passagers. Un jour, en jouant sur sa perche, il tomba malheureusement à l'eau. Il n'eut pas plutôt connu le danger de sa situation, qu'il s'écria d'une voix forte : « Un bateau ! A moi, un bateau ! Vingt livres pour me sauver ! » Un batelier qui passait par-là, se précipita dans l'eau, croyant sauver une personne ; il ne retira que le Perroquet ; mais, comme il le reconnut pour celui du roi, il le porta au Palais, en réclamant les vingt livres pour sa récompense. On conta cela au roi, qui accomplit la promesse de son Perroquet.

—Les enfans auraient sans doute demandé encore de nouvelles histoires, si leur attention n'eût été distraite de ce sujet par la vue de la *Rotonde des Singes.* — Les *Singes !* les *Singes !* s'écrièrent-ils en courant vers leur cage.

JULES. — Oh! qu'ils sont plaisans! Regarde donc celui-là comme il se balance!

ALPHONSINE. —Et celui-ci qui grimpe avec sa queue aux grillages!

LE PÈRE. — C'est un *Singe à Queue prenante,* ainsi appelé de la faculté qu'il a de se servir de sa queue pour saisir les branches, et s'aider de cette façon à passer de l'une à l'autre. C'est le *Sajou,* le plus joli de l'espèce des *Sapajous.* Je ne puis vous faire une description exacte de tous ces *Quadrumanes,* d'autant plus qu'occupés à leur gymnastique, ils changent de place à chaque instant.

Voici cependant la *Mone* et le *Malbrouck,* du genre *Guenon,* le plus rapproché de l'Homme, après les *Orangs* et les *Gibbons.* Ces *Quadrumanes* sont faciles à reconnaître à leurs membres grêles, leur taille légère, leurs fesses calleuses, et leur queue allongée. On ne trouve qu'en eux cette pétulance, cette vivacité, qui font un de leurs principaux caractères. Ensuite vient le *Cynocéphale* ou *Singe à tête de Chien.*

JULES.—Oh! ce nom lui est bien donné;

il a bien plutôt l'air d'un *Carnassier* que d'un *Singe*.

LE PÈRE. — Regardez le *Babouin* et le *Mandrill*, les plus hideux et les plus féroces des Singes. Ils ont le museau sillonné des deux côtés de rides longitudinales rouges, profondes, et très-marquées; leur face est nue, rugueuse et de couleur bleuâtre.

MADAME LEGENDRE. — C'est une vilaine bête.

LE PÈRE. — Et aussi féroce qu'elle est laide. Le *Magot,* qui est à côté de lui, n'est guère plus beau. C'est un animal triste, indocile; mais qui s'acclimate assez bien en France. Puis, voici le *Didelphe,* qui vient au monde à peine formé; le *Didelphe-Crabier,* qui, ainsi que son nom l'indique, est friand de Crabes, dont il fait sa principale nourriture. On a raconté bien des histoires singulières de cet animal; mais je n'en connais pas de plus plaisante que celle que rapporte le père Caubasson : « Il avait un Singe qui lui était si attaché, qu'il le suivait partout; Caubasson avait l'habitude d'enfermer ce Singe quand il allait

à l'office. Un jour, cependant, l'animal s'é-
chappa, et suivit son maître à l'église. Là,
montant en silence sur le dais de la chaire à
prêcher, il s'y tint parfaitement tranquille,
jusqu'à ce que le prône commençât. Il s'a-
vança alors sur le devant du dais, et se mettant à considérer le prédicateur, imita ses
gestes d'une manière si comique, que tout
l'auditoire se mit à rire. Caubasson, surpris
d'une marque de légèreté si inconvenante,
reprocha à ses auditeurs leur insouciance et
leur manque d'attention. Ce reproche n'ayant
produit aucun effet, le prédicateur, par un
transport de zèle facile à concevoir, redou-
bla ses gestes et ses emportemens. Le Singe
les imita avec tant d'exactitude, que les spectateurs, perdant toute réserve, poussèrent
des éclats de rire. A la fin, un ami de Caubasson monta vers lui, et lui désigna la cause
de cette conduite étrange. Ce fut avec beaucoup de peine que ce prédicateur put lui-
même garder son sérieux, en ordonnant au
sacristain d'emporter l'animal. »

— Les enfans rirent de tout leur cœur en

écoutant cette plaisante histoire, et chacun y mit son mot. Edmond, qui avait écouté en silence son père et son frère, s'écria tout-à-coup :

— Je voudrais bien avoir un Singe, moi, je m'amuserais toute la journée avec lui.

JULES. — Oui; mais les Singes sont fantasques, et mordent souvent la main qui les caresse.

LE PÈRE. — Puis ce sont des animaux fort sales, et qui exhalent une odeur insupportable ; ils sont très-bien placés au Jardin-des-Plantes, et ils sont toujours très-incommodes dans un appartement.

JULES. — Mais c'est un *Castor*, qui se plonge si souvent dans le petit bassin des Singes. Quelle grosse queue! On dirait qu'il peut à peine la traîner tant elle est lourde.

LE PÈRE. — Cette queue, qui lui est fort incommode à terre, lui facilite singulièrement la nage ; d'ailleurs, c'est pour lui un instrument précieux avec lequel il se construit, moitié dans l'eau, moitié hors de l'eau, de très-solides et de très-commodes maisons.

Madame Legendre. — N'est-ce pas un *Porc-Épic* que je vois là dans ce coin?

Jules. — Oui; je le reconnais bien à ses piquans; et, de l'autre côté, voici un *Hamster*, ce rat qui est si mauvais puisqu'il abandonne ses petits; et, presqu'à côté, un *Gerboa*. dont les pattes du devant sont si petites, que l'on croirait qu'il n'en a pas.

Le Père. — Nous ne partirons pas sans que je vous aie fait remarquer le *Koati brun* d'Amérique et le *Kenkajou*, quadrupèdes carnassiers, plantigrades, du genre des Ours. Le premier a le museau allongé, mobile et retroussé; le deuxième se fait remarquer par sa queue longue et prenante, comme celle des Sapajous.

— A la Rotonde! s'écrièrent les enfans; et aussitôt ils se dirigèrent en sautant dans l'endroit désigné.

Edmond. — L'*Éléphant* et les *Chameaux* sont là, n'est-ce pas Jules?

Jules. — Oui, et la *Giraffe* aussi.

Alphonsine. — Vite! vite! allons voir la Giraffe!

Madame Legendre. — Plus doucement, si vous voulez que nous vous suivions.

— Mais les enfans, dans leur joie pétulente, n'entendirent pas cette recommandation de leur mère, et quand elle arriva avec M. Legendre à la Rotonde, les enfans étaient déjà depuis quelques instans à s'extasier devant l'Éléphant, et à se communiquer les naïves observations que faisait naître chez eux la vue de ce colosse de la création.

Edmond. — Voyez donc, mon père, comme il est doux ; il se laisse piquer et conduire par son cornac comme une Brebis.

Le Père. — L'Éléphant, une fois apprivoisé, est d'un naturel fort doux. Il est soumis et docile, et s'attache à son conducteur.

Jules. — Est-il vrai que dans l'Afrique et dans les Indes, il est employé comme bête de somme.

Le Père. — L'Éléphant est une des plus grandes ressources des Indiens. Doué d'une force prodigieuse, et d'une intelligence non moins étonnante, cet animal rend à lui seul autant de services que pourraient le faire trois ou quatre chevaux chez nous.

EDMOND. — Est-ce qu'on peut lui faire traîner des voitures?

LE PÈRE. — Non; mais il porte sur son dos des fardeaux énormes de trois ou quatre mille livres pesant; dans les Indes, les grands personnages se font porter sur son dos dans de superbes litières, nommées palanquins, qui peuvent contenir jusqu'à huit personnes.

ALPHONSINE. — Voilà un animal dont la nourriture doit coûter bien cher!

LE PÈRE. — Assurément, puisqu'il mange plus de trente livres de pain ou de pommes de terre par jour; une botte de foin, une de paille, un boisseau de farine d'orge et de son mêlés ensemble, et six seaux d'eau.

EDMOND. — Est-ce qu'il est toujours aussi doux?

LE PÈRE. — L'Éléphant est toujours fort doux; cependant, il ne faut pas le tourmenter ou l'irriter, car alors il se fâche facilement, et trouve bientôt moyen de se ven-

Eléphant.

Bison.

ger. Il comprend même quand on lui parle avec mépris, et ne le souffre pas.

MADAME LEGENDRE. — J'ai entendu raconter plusieurs histoires qui prouvent ce que vient de vous dire votre père.

ALPHONSINE. — Oh! dis-nous-les, bonne petite mère, je t'en prie.

MADAME LEGENDRE. — Au commencement de ce siècle, il y avait au Jardin-des-Plantes un Éléphant femelle appelée *Marguerite,* qui ne souffrait pas les railleries, et s'apercevait même des airs de dédain de ceux qui venaient lui rendre visite. Un jour, un homme qui la regardait ainsi, se mit à dire tout haut, plusieurs fois : « Oh! la vilaine bête, qu'elle est laide! » *Marguerite* fit semblant de n'avoir pas entendu ; mais, en se promenant nonchalamment, elle remplit sa trompe dans la cuve où on lui donnait à boire, puis, revenant tout-à-coup vers notre homme, elle lui lança cette eau avec tant de force au visage, qu'elle le renversa presqu'à terre.

EDMOND. — Oh! bien, je ne dirai pas de sottises à l'Éléphant, bien sûr.

16

ALPHONSINE. — Papa nous disait tantôt qu'ils étaient soumis.

LE PÈRE. — Et j'ajouterai reconnaissans ; l'on en rapporte une foule d'anecdotes qui le prouvent. — Oui, oui : je vois que vous allez encore me demander une histoire ; écoutez-moi donc.

« On rapporte qu'un soldat de Pondichéry, qui avait coutume de porter à un Éléphant une certaine mesure d'arrak, chaque fois qu'il touchait son prêt, ayant bu un jour plus que de raison, et se voyant poursuivi par la garde qui le voulait conduire en prison, se réfugia sous cet animal, et s'y endormit. Le lendemain, le soldat revenu de son ivresse, frémit en se voyant couché sous un animal d'une grosseur aussi énorme ; l'Éléphant qui, sans doute, s'aperçut de son effroi, le caressa avec sa trompe pour le rassurer, et lui fit entendre qu'il pouvait s'en aller. »

MADAME LEGENDRE. — Voilà un trait qui ferait honte à plus d'un homme.

LE PÈRE. — Je vais maintenant vous raconter une autre histoire qui pourrait faire honneur à tout homme.

« A Adsmeer, un Éléphant qui passait souvent dans le marché, à côté d'une marchande de légumes, recevait toujours d'elle une poignée d'herbes ; un jour, il fut saisi d'un accès de rage périodique, brisa ses fers, traversa le marché en courant, et mit en fuite tout ce qui se trouvait devant lui, et entr'autres personnes, cette femme, qui dans sa précipitation oublia un petit enfant qu'elle avait avec elle. L'animal se rappelant l'endroit où se tenait habituellement sa bienfaitrice, enlaça l'enfant avec sa trompe, et le portant avec beaucoup de précaution, il le posa sain et sauf sur l'étal d'une boutique voisine. »

JULES. — N'est-ce pas des défenses de l'Éléphant que l'on tire l'ivoire ?

LE PÈRE. — On en tire, en effet ; mais on en tire aussi de plusieurs Cétacés, tels que le *Narval*, le *Cachalot*, etc. Les dents de l'*Hippopotame* fournissent une substance qui s'en approche beaucoup.

EDMOND. — Il doit être bien difficile de s'emparer de ces grands animaux, d'autant plus qu'ils sont très-intelligens? Comment peut-on y parvenir?

LE PÈRE. — Cependant, on s'en empare assez facilement; à cet effet, une centaine d'hommes forment entr'eux un cercle irrégulier, dans le centre duquel ils enferment un certain nombre d'Éléphans; ceux qui forment la portion du cercle à laquelle les Éléphans tournent le dos, font un grand tumulte en tirant des pétards et des coups de fusils, ou bien, en frappant sur des espèces de tambours appellés tam-tams, et en poussant de grands cris. Les Éléphans effrayés se sauvent du côté opposé, où se trouvent des hommes qui se retirent devant eux, pendant que leurs compagnons s'approchent, et poussent les Éléphans en avant; ils les chassent ainsi dans de vastes enclos, où ils les enferment; au bout de quelques jours, on mêle parmi eux des Éléphans apprivoisés, dont l'exemple contribue beaucoup à adoucir leur naturel sauvage; autour de cet enclos, sont disposés d'autres enclos absolument fermés et qui donnent dans le premier. Quand les Éléphans sont affamés, on ouvre un de ces enclos, dans le milieu duquel on a déposé de la nourriture; le premier Éléphant qui, attiré par cet appât, s'y aventure, reste bientôt captif; car la porte qui conduit au grand enclos se referme sur lui sitôt qu'il est entré; là, on commence son éducation; et, insensiblement, on l'habitue à la vue de l'homme, puis à souffrir ses caresses, puis à obéir à ses commandemens; au bout de cinq à six semaines, il est entièrement dompté, et l'on peut déjà l'employer avantageusement.

ALPHONSINE. — Ils doivent vivre au moins cent ans, ces gros animaux-là?

LE PÈRE. — On n'a jamais pu s'assurer du temps de leur existence; quelques naturalistes ont prétendu qu'ils vivaient cent cinquante à deux cents ans; d'autres disent jusqu'à trois cents ans; il est plus raisonnable de croire qu'ils ne vivent guère plus de cent à cent vingt ans; mais voilà une bien longue séance à l'Éléphant, il est temps de passer à la *Giraffe*, sa voisine.

JULES. — C'est elle surtout qui confirme ce que tu nous disais de la sagesse de la Nature ; il est certain qu'avec d'aussi grandes jambes ; si elle avait un cou comme les autres animaux, comment ferait-elle pour se baisser jusqu'aux sources où elle se désaltère ?

LE PÈRE. — Tu pourras encore faire cette observation, à propos du *Chameau*. Mais remarque encore une autre nécessité de la longueur du cou chez la Giraffe ; le pays dans lequel on trouve cet animal, ne produit guère d'autres arbres que ceux de l'espèce appellée *Mimosa*, dont les tiges les plus basses n'ont guère moins de quinze à seize pieds au-dessus du sol.

EDMOND. — Il était alors indispensable que la Giraffe eût une taille proportionnée à la hauteur où elle trouve habituellement sa nourriture.

ALPHONSINE. — La pauvre bête paraît bien bonne et bien inoffensive.

LE PÈRE. — Ce serait à tort cependant que

Raton.

Giraffe.

l'on croirait que la Giraffe est absolument sans défense. Levaillant nous assure que, par ses ruades précipitées, elle fatigue, décourage, et parvient enfin à éloigner le Lion.

Les Hottentots font la guerre à ces animaux, principalement à cause de la moëlle de leurs os qu'ils regardent comme un mets très-délicat. On prétend aussi que la chair de la Giraffe est un excellent manger.

JULES. — Oh! mais vois donc, mon père, elle ne marche pas comme les autres animaux.

LE PÈRE. — Ta remarque est juste; en effet, au lieu de porter les pieds diagonalement, c'est-à-dire le pied droit de devant avec le pied gauche de derrière; elle porte les deux pieds du même côté ensemble; c'est-à-dire les deux droits, puis les deux gauches; c'est ce que l'on appelle *marcher l'amble*.

EDMOND. — Quels sont ces petits animaux qui sont avec elle?

LE PÈRE. — Ce sont des *Ratons*, petits *Carnassiers* assez semblables au Renard, par la forme de la tête, et au Blaireau, par le reste du corps. Cet animal se trouve en Amérique et dans quelques îles de l'Inde Occidentale ; il est très-vif, très-léger et très-intelligent.

JULES. — De l'autre côté, voici les *Dromadaires*.

EDMOND. — Ne le désigne-t-on pas aussi sous le nom de *Chameau ?*

JULES. — Le Dromadaire est une variété de l'espèce du Chameau ; la différence qui existe entr'eux, c'est que le Dromadaire a deux bosses et que le Chameau n'en a qu'une.

LE PÈRE. — Eh! bien, puisque tu es si savant, fais-nous l'histoire du Chameau.

JULES. — Le Chameau est un *ruminant sans cornes*, originaire de l'Asie. Il paraît avoir été réduit en servitude depuis une époque bien reculée ; car on ne trouve plus cet animal à l'état sauvage ; tandis que l'on trouve encore le Cheval et l'Ane dans leur état primitif. Dans ces pays, où les hommes sont souvent séparés par des déserts immenses, le Chameau est d'une utilité incalculable, puisqu'il a la faculté singulière de ruminer ses boissons, comme il rumine ses alimens, et, grâce à cette faculté merveilleuse, il peut faire huit ou dix jours de route sans avoir besoin de boire ni de manger; il marche fort vite, et peut suivre le galop précipité d'un cheval; les pieds de cet animal étant plats, et revêtus d'une semelle dont l'intervalle n'est marqué que par un sillon peu profond, le mettent en état de parcourir les sables brûlans de l'Arabie, sans avoir ou craindre de crevasses à ses sabots. Le Chameau est d'un naturel soumis et docile; il s'agenouille quand on le charge, afin de faciliter le chargement; cependant quand on le surcharge, il refuse de marcher et se couche jusqu'à ce qu'on l'ait débarrassé du surcroît qui l'accable. C'est un animal si sobre, qu'il ne demande jamais à manger; le conducteur doit prévoir le moment où sa monture pourra éprouver le besoin de manger; sans ce soin, le Chameau se laisserait plutôt tomber de faim sur le sable du désert.

ALPHONSINE. — Oh! la pauvre bête!

Le Père. — Malgré leur douceur, les Chameaux sont cependant vindicatifs; mais leur colère une fois satisfaite, ils ne conservent pas de rancune contre ceux qui les ont offensés. Lors donc qu'un Arabe a excité la fureur d'un Chameau, il jette à terre ses vêtemens, dans un endroit où il soupçonne que l'animal doit passer, et les dispose de manière à faire croire qu'ils recouvrent un homme endormi; l'animal reconnaît les habits, les saisit entre ses dents, les secoue avec violence, et les foule aux pieds dans un transport de rage; quand sa colère est apaisée, ils les laisse, et le propriétaire de ces vêtemens peut se montrer en toute assurance.

Les Arabes utilisent tout dans le Chameau; sa chair, quoique sèche et dure, est très-estimée des habitans de ces contrées; dans la Barbarie, on en sale et on en fume la langue, pour la transporter en Italie et dans d'autres contrées. Le lait des *Chamelles* est également très-recherché des Arabes.

Le *Buffle*, qui est de l'autre côté entre le *Tapir* et l'*Éléphant*, a, dans l'ensemble de sa physionomie générale, de grandes ressemblances avec le Bœuf; mais il en diffère cependant par quelques points : par les cornes. d'abord qui sont plus fortes, plus étendues sur la tête et plus recourbées; ensuite, par les oreilles qui chez lui sont pendantes, et couvertes en grande partie par les extrémités inférieures de ses cornes. Le Buffle est originaire des contrées brûlantes de l'Inde et de l'Afrique. On a naturalisé cette espèce dans quelques contrées de l'Italie; ils portent sur le dos une sorte de bosse occasionnée par des os, qui obligent les articulations des épaules à prendre plus d'allongement que n'en ont celles des autres animaux.

EDMOND. — Est-ce un animal bien dangereux?

LE PÈRE. — Très-dangereux; il est sauvage, féroce et perfide; il s'attaque principalement à l'Homme, et, quand il le terrasse, il se plaît à le fouler aux pieds, à le presser avec ses genoux, à le déchirer avec ses cornes et avec ses dents.

MADAME LEGENDRE. — Sans doute un jour

on en réduira toute l'espèce en domesticité.

ALPHONSINE. —Voilà le *Tapir,* avec son museau terminé en trompe.

JULES. — C'est un *Pachyderme.*

EDMOND. —Il doit être bien terrible, celui-là; je lui trouve l'air très-féroce.

LE PÈRE. —Eh! bien, il n'est pas si terrible qu'il en a l'air; car, c'est au contraire un animal d'une douceur extrême, et d'une si grande timidité qu'il fuit à l'approche de toute espèce de danger. Il vit solitaire, dort le jour, et va chercher pendant la nuit sa nourriture, qui se compose d'herbages de différentes espèces, de cannes à sucre et de fruits. Il s'éloigne peu des fleuves et des lacs; lorsque ce quadrupède est menacé ou poursuivi, il se jette à l'eau, s'y plonge, et nage avec autant de facilité que l'Hippopotame; on trouve les Tapirs, principalement dans les bois et dans les rivières, sur les côtes orientales de l'Amérique Méridionale; les sauvages font des boucliers de leur peau qui est très-épaisse, et si dure que, lorsqu'elle est

Tapir.

Chameau.

sèche, les dards et les flèches ne peuvent la traverser.

MADAME LEGENDRE. — Quel est ce bel animal, dont les formes sont sveltes et gracieuses, et les mouvemens si souples? Il a quelque ressemblance avec le Cheval; mais il est beaucoup plus petit.

LE PÈRE. — C'est le *Dauw*, solipède de l'espèce chevaline. Des expériences, faites récemment, donnent lieu de croire que l'on pourrait réduire en domesticité le *Dauw* et les espèces semblables, comme le *Zèbre*, le *Couagga*, que nous rencontrerons plus tard; mais comme les services qu'ils nous rendraient ne seraient pas différens de ceux que nous tirons du Cheval et de l'Ane, il est probable qu'on ne se donnera jamais en Europe la peine d'en multiplier l'espèce.

A côté, se trouve des *Moutons à quatre cornes* de Norwége; cette variété de l'espèce diffère des autres par le nombre de ses cornes, qui sont de quatre, de cinq ou de huit; chaque toison d'un animal produit de quatre à cinq livres de laine; puis, enfin, des *Zébus*, variété de l'espèce du Bœuf. Vous connaissez les services que nous rend le Bœuf; il laboure la terre, traîne la charrette, porte des fardeaux. Sa chair fait une des principales parties de notre nourriture; avec sa graisse, on fait le suif, dont les usages sont si variés; ses cornes et ses sabots font des manches de couteau, etc.; avec ses os, on fait du noir animal, des gélatines, etc.; avec son sang, on raffine les huiles et les sucres; ses intestins deviennent des cordes d'instrumens.

EDMOND. — J'espère que voilà un animal utile !

JULES. — Rien de lui n'est perdu.

LE PÈRE. — Ses excrémens même sont utiles : ils deviennent du fumier, et engraissent les campagnes qu'il doit labourer.

Maintenant, si vous le voulez, nous allons achever la visite des Parcs où sont renfermés les animaux tranquilles.

ALPHONSINE. — Voilà des *Chèvres sauvages du Sennaar.*

LE PÈRE. — On les nomme aussi *OEgagres.* C'est la souche de nos Chèvres domestiques ; mais ces animaux sont beaucoup plus forts que dans l'état de domesticité ; on les reconnaît à la présence de la barbe chez les individus des deux sexes.

En face des Dromadaires, voici des *Rennes mâles et femelles* de la Laponie. Le *Renne*, comme vous le voyez, est à peu près de la taille d'un grand Cerf ; mais il a les jambes plus courtes et plus grosses. Cet animal, doux et paisible, est, pour les habitans des terres polaires, ce qu'est le Chameau pour l'Arabe du désert. Les Lapons se nourrissent de sa chair, se font traîner par eux sur la glace, s'en servent comme nous du Cheval ; ils boivent son lait, et savent tirer parti de sa toison. Le Renne est la vraie richesse du Lapon ; aussi plus un Lapon a de Rennes, et plus il se croit opulent.

ALPHONSINE. — L'*Antilope*, qui se trouve dans ce parc, en face des Dauws, est un bel animal ; c'est une espèce de Cerf, je pense ?

JULES. — Non, ma sœur, le *Cerf* est un *Ruminant à cornes caduques.* L'*Antilope* est un *Ruminant à cornes creuses* ; ils ressemblent pourtant aux Cerfs, par la finesse de leurs jambes, la gracieuseté de leurs formes, et par la souplesse qui se fait remarquer dans tous leurs mouvemens.

EDMOND. — Tu nous dis bien en quoi ils ressemblent aux Cerfs; mais tu ne nous dis pas comment ils en diffèrent.

LE PÈRE. — La seule différence marquée qui existe entr'eux est dans les *cornes*. Chez le Cerf, elles sont *nues*, *solides* et *caduques*; chez les *Antilopes*, elles sont *creuses*, *persistantes*, et revêtues d'une substance élastique. Ces animaux vivent en troupes nombreuses, et partout on leur fait la chasse, à cause de l'excellence de leur chair et de l'utilité de leur peau; mais il faut une très-grande habileté chez le chasseur, et une grande habitude pour ne pas y chasser inutilement, tant ces animaux sont agiles et méfians. Presque toutes les variétés de l'espèce sont originaires des contrées chaudes de l'Asie et de l'Amérique Méridionale.

EDMOND. — Encore des Cerfs! en voilà dans tous les parcs qui environnent la gran-

Renne.

Cerf - cochon.

de Rotonde : *Cerfs* et *Biches de Virginie.
Axis...*

JULES. — L'*Axis* n'est pas de la tribu dont
les Cerfs font partie ; mais bien de celle des
Antilopes.

EDMOND. — Tiens! un *Cerf-Cochon!* Il
n'est pas beau.

LE PÈRE. — C'est l'animal que les Malais
appellent *Babiroussa,* mot qui signifie également *Cochon-Cerf ;* il doit ce nom à la grâce
de ses mouvemens, à la finesse de ses jambes ; il n'a pas les soies raides et dures qui
hérissent la peau du Sanglier. En un mot,
bien qu'il soit évidemment de l'ordre des
Pachydermes et du genre *Cochon,* on a pu
joindre à son nom celui de *Cerf-Cochon.*

ALPHONSINE. — Le *Nil-Ghau,* est-ce qu'il
est très-sot, cet animal-là ?

LE PÈRE. — Non : si tu savais un peu l'or-
thographe, tu ne me ferais pas cette question. Le *Nil-Ghau* est encore de la tribu des
Antilopes. Il est plus gros, plus fort, a les formes plus épaisses que le Cerf ; il semble for-
mer le passage des Cerfs au genre Bœuf ;

c'est un animal dont on pourrait tirer de très-grands services pour l'agriculture, d'autant plus que, bien qu'originaire de l'Inde, il s'habitue très-bien dans notre pays.

JULES. — Je pensais que le Nil-Ghau était très-indocile et très-farouche.

LE PÈRE. — Cela est vrai ; mais on pourrait dompter ces mauvaises dispositions. Du reste, on n'y parviendrait peut-être pas sans peine, s'il faut en croire rigoureusement les Naturalistes qui ont parlé de ce Ruminant. « La force et l'impétuosité, dit Smith, avec lesquelles ces animaux s'élancent contre un objet qui les irrite, peut se concevoir d'après les circonstances que je vais rapporter :

» Un Nil-Ghau, d'une grosseur remarquable, paissait dans un enclos, non loin d'un pauvre journalier, qui, ne sachant pas que cet animal était près de lui, monta par dessus les palissades. Le Nil-Ghau, avec la rapidité de l'éclair, s'élança si violemment contre ce pâtis, qu'il le mit en pièces, et rompit une de ses cornes, qui fut brisée près de son origine. Ce trait d'impétuosité fut regardé comme la cause de sa mort, qui arriva quelque temps après. »

MADAME LEGENDRE. — D'après cela. je serais. comme Jules, portée à croire qu'il serait très-difficile de tirer parti du Nil-Ghau.

LE PÈRE. —Avec de la persévérance et des soins intelligens, on peut surmonter de plus grandes difficultés. Maintenant aux Loges des animaux féroces !

Ce cri fut répété avec enthousiasme par nos petits naturalistes, et causant. riant, folâtrant, on arriva devant le bâtiment des animaux féroces.

EDMOND. — Oh! le vilain animal ! qu'il a l'air féroce !

JULES. —Aussi l'est-il en effet. et plus que tous les autres Carnivores.

LE PÈRE. — C'est l'*Hyène*, originaire de l'Afrique et des contrées chaudes de l'Asie.

ALPHONSINE. — On dirait que celle-ci est boiteuse.

LE PÈRE. — C'est un trait particulier propre à tous les individus de ce genre ; ils semblent tous boiter de la jambe gauche lors-

qu'ils commencent à se mettre en marche.
Une autre particularité chez ces animaux,
c'est qu'ils ont le cou si raide, qu'ils peuvent
à peine tourner la tête pour regarder derrière
eux, et se tournent tout d'une pièce, comme
le Cochon.

MADAME LEGENDRE. — Est-ce qu'ils ne se
nourrissent que de viande ?

LE PÈRE. — Faute de mieux, l'Hyène devient frugivore, et mange des racines ; mais
habituellement, elle préfère la viande, et
mange avec gloutonnerie ; on en a vu attaquer des animaux beaucoup plus forts qu'eux,
comme des jeunes Tigres et des Panthères.
Les cages suivantes renferment plusieurs variétés de l'espèce ; telles que, l'*Hyène tache-
tée du cap de Bonne-Espérance*, l'*Hyène rayée
de la côte de Coromandel*; l'*Hyène rayée de
Constantine, d'Afrique, du Sénégal*.

EDMOND. — Voilà le *Lion !*

JULES. — Le roi des animaux.

EDMOND. — Il mérite vraiment bien ce titre : comme il a l'air terrible, dans son repos
même !

LE PÈRE. — Il suffit de considérer le Lion pour avoir une juste idée de son caractère et de ses mœurs. — Voyez quelle puissance respire dans toute sa personne : son regard d'un fauve ardent, son nez large, et dont les narines sont bien nettement séparées, descend droit sur son museau ; son front, droit et vaste, est entouré d'une épaisse crinière fauve, qui contribue à donner à sa tête cet aspect imposant et terrible, que vous remarquiez tout-à-l'heure ; tous ses mouvemens laissent voir une souplesse et une force qui s'accordent parfaitement avec le reste de sa constitution. Tout chez lui inspire la terreur et l'admiration ; quand il est irrité, sa voix gronde comme un tonnerre ; alors, tous les autres animaux tremblans se taisent et se cachent dans leurs tanières. Le Lion ne dément pas, par son caractère, cette supériorité qu'il s'est acquise par sa force sur tous les autres animaux. Courageux à l'excès, il méprise le danger, et ne fuit jamais devant lui ; la supériorité de la force, ou du nombre de ses adversaires, ne peut l'épouvanter ; et rien ne saurait le mettre en fuite. Il est aussi généreux qu'il est puissant ; le Lion ne fait point abus de sa force, il ne l'emploie que dans le but de satisfaire sa faim ; différent en cela du Tigre et des autres Carnivores, qui s'attaquent sans nécessité à tous les animaux et à l'homme lui-même, il semble susceptible d'attachement et de reconnaissance ; on en raconte des histoires merveilleuses ; vous connaissez celle du Lion d'Androclès, celle de Maldonata, celle du Lion de la Ménagerie de Florence ; en voici une que, peut-être, vous ne connaissez pas.

« Les Français avaient autrefois au Fort Saint-Louis une Lionne qu'ils tenaient enchaînée ; mais le pauvre animal avait été réduit à un tel état de maigreur par un gonflement de la mâchoire, que les habitans du Fort s'imaginèrent qu'elle allait mourir ; ils lui ôtèrent, en conséquence, sa chaîne, et la jetèrent dans un champ voisin ; là, elle fut trouvée par M. Compagnon, auteur des *Voyages dans la Natolie*, qui passait par hasard dans ce champ, à son retour de la chasse. M. Compagnon fut touché des souffrances de cette bête, et, après avoir lavé sa gueule avec de l'eau fraîche, il lui versa dans la bouche une petite quantité de lait. Ce breuvage produisit un effet salutaire sur la Lionne, qui fut reconduite au Fort, et recouvra peu à peu la santé. L'obligeance de son bienfaiteur fit concevoir à la Lionne un tel attachement pour lui, qu'elle ne voulut plus rien prendre qu'il ne vint de sa main. et lorsqu'elle fut parfaitement guérie, il lui arriva plus d'une fois de le suivre dans l'île. en laisse, comme le Chien le plus familier. »

ALPHONSINE. — La Lionne est bien belle aussi ; mais je trouve qu'elle a l'air moins terrible que le Lion.

JULES. — Elle est pourtant souvent plus redoutable, surtout quand elle a des petits.

MADAME LEGENDRE. — La Lionne est une bonne mère.

LE PÈRE. — Cet animal est, en effet, un parfait modèle d'affection maternelle ; elle prend le plus grand soin de sa progéniture.

et ne se la laisse pas enlever sans faire les efforts les plus désespérés pour décourager les ravisseurs. Elle se précipite avec une violence inouie au milieu des armes, sans être arrêtée ni par l'explosion des armes à feu, ni par les blessures et la perte de son sang. Il faut la tuer pour s'en débarrasser.

EDMOND. — Est-elle aussi forte que le Lion ?

LE PÈRE. — On ne fait pas de différence entr'eux à cet égard ; le mâle et la femelle sont également redoutables, également redoutés. On a même remarqué qu'elle est généralement d'un caractère moins traitable, qu'elle se laisse approcher plus difficilement ; enfin, qu'elle s'apprivoise rarement.

ALPHONSINE. — J'ai observé, en effet, que dans la troupe des animaux féroces que Van-Amburgh et Carter montraient l'année dernière à Paris, il n'y avait pas de Lionne, mais seulement des Lions.

LE PÈRE. — La remarque que tu viens de faire, je l'avais faite également, et elle ne fait que confirmer ce que je viens de vous dire tout-à-l'heure.

JULES. — Tiens! Edmond, tu dois être enfin satisfait; voilà le *Tigre*.

EDMOND. — Mais sur la gravure du *Buffon* de papa, il a l'air beaucoup plus terrible que cela.

ALPHONSINE. — Aussi n'est-ce pas un *Tigre*, non plus, c'est une *Tigresse*.

LE PÈRE. — Le mot *Tigresse* n'est pas français.

JULES. — Mais, mon père, je l'ai vu dans *Buffon*.

LE PÈRE. — Une aussi grande autorité devrait suffire sans doute; cependant, elle ne suffit pas; l'on a regardé ce mot comme une hardiesse pardonnable à ce grand homme, et qui ne le serait pas chez tout autre. Aussi lisez l'étiquette de la Loge, et vous comprendrez mon observation.

JULES. — *Tigre femelle de l'Inde*.

EDMOND. — Alors, c'est sans doute pour cela qu'elle n'a pas l'air si féroce; il me semble même très-doux ce *Tigre femelle*-là, et

18

je lui trouve de la ressemblance avec les Chats.

JULES. — Aussi est-ce un Chat ; en latin, on dirait : *Felis Tigris*.

ALPHONSINE. — Ne vois-tu pas, Edmond qu'il marche sur les griffes ; et puis, regarde comme il les retire et les sort de leur étui. Il a les griffes rétractiles.

LE PÈRE. — Très-bien, ma fille ; ajoute à cela qu'il a la tête arrondie, la mâchoire courte, les dents molaires toutes tranchantes, la colonne vertébrale extrêmement flexible, les membres souples, et les muscles d'une grande force, et tu auras tracé une définition assez exacte des Chats.

MADAME LEGENDRE. — Le Tigre a un extérieur bien moins majestueux, bien moins imposant que le Lion.

EDMOND. — Pourrait-il se battre avec lui ?

LE PÈRE. — Le Tigre et le Lion s'attaquent rarement. Habituellement, le premier se retire devant l'autre ; car ce n'est pas parce qu'il est moins fort, que le Tigre fuit devant le Lion.

EDMOND. — C'est parce qu'il est moins courageux, je suis sûr.

LE PÈRE. — Justement ; cependant quelquefois ils se rencontrent, et alors un combat terrible a lieu entr'eux.

ALPHONSINE. — Oh ! j'aurais bien peur, si je les voyais se battre ainsi.

LE PÈRE. — Le Tigre, moins courageux que le Lion, est cependant beaucoup plus à craindre. Le Lion, comme je vous l'ai dit, ne détruit que par nécessité ; le Tigre détruit par plaisir ; l'on peut espérer dans la clémence de l'un et jamais dans celle de l'autre. Quand le Tigre est rassasié, il tue encore tous les animaux qui tombent sous ses griffes, et, leur ouvrant la poitrine, il plonge sa gueule dans leur cœur et boit leur sang.

MADAME LÉGENDRE. — On a donc bien raison de dire pour exprimer le comble de la barbarie chez les hommes : *Il est cruel comme un Tigre.*

LE PÈRE. — Il suffit de considérer la forme du Tigre et d'analyser sa physionomie pour avoir une juste idée de son caractère :

voyez ces yeux ardens et obliques qui nagent dans un orbite couleur de sang ; cette langue d'un rouge écarlate que l'animal laisse souvent pendre hors de sa gueule, ses mouvemens obliques, sa respiration toujours précipitée, cette activité sans but à laquelle il se livre sans cesse, et qui semble le dévorer, tout en lui annonce un caractère intraitable, farouche, sanguinaire. Dans l'ardeur qui le brûle sans cesse, il dévore jusqu'à ses petits. Un homme d'esprit voulant exprimer l'incroyable férocité de ces animaux, raconte que, voyageant dans un désert, il vit deux tigres se précipiter avec fureur l'un sur l'autre ; effrayé, il se retire et cherche un abri contre la rage de ces terribles animaux. Long-temps leurs hurlemens le retinrent caché ; quand ils eurent enfin cessé, il se hasarda à reparaître sur le lieu du combat, et, parcourant de l'œil le champ de bataille, il chercha le vainqueur et sa victime ; mais ces animaux s'étaient battus avec tant d'acharnement, qu'ils s'étaient dévorés l'un l'autre, et qu'il ne restait plus..... que les deux queues.

Alphonsine. — Voilà une bonne plaisanterie !

Le Père. — Par son exagération même et par son invraisemblance, elle peint bien la fureur du Tigre, en laissant entendre qu'on ne saurait trouver de termes assez forts pour la bien exprimer.

Edmond. — Le Tigre peut-il monter aux arbres ?

Jules. — Il y monte avec beaucoup d'agilité ; il se jette même à la nage pour atteindre sa proie.

Madame Legendre. — Mais il est donc impossible d'échapper à ce monstre ?

Le Père. — On y parviendrait difficilement sans doute, si le Tigre avait l'intrépidité du Lion ; mais le Tigre s'émeut et s'étonne facilement.

On raconte qu'une société, assise sur les bords d'une rivière du Bengale, fut effrayée par l'apparition subite d'un Tigre, qui se préparait à s'élancer sur elle ; mais une dame de la société ayant eu l'incroyable présence d'esprit de déployer vivement son parasol sous le nez de cet animal, il prit aussitôt la fuite, comme s'il eût été saisi d'effroi à la vue de cet objet extraordinaire pour lui, et leur fournit l'occasion de s'échapper.

Un trompette qui dormait pendant la nuit près de la tente d'un général, dans une guerre de la Russie contre la Perse, ayant été saisi par un Tigre, dut aussi son salut à la présence d'esprit qu'il eut de sonner de son instrument; le Tigre, étonné de ce bruit qui lui était étranger, lâcha sa proie et disparut.

Jules. — Cela semblerait annoncer beaucoup de défiance et de circonspection chez cet animal.

Madame Legendre. — Mais s'il est si intraitable, comment MM. Martin, Van-Amburgh et Carter, ont-ils fait pour en apprivoiser?

Le Père. — Quoique cela soit très-difficile, cela n'est pourtant pas impossible. Mais il est nécessaire alors de prendre l'animal presque à sa naissance, et encore n'est-il jamais prudent de se fier à sa douceur apparente; on en a vu au Jardin-des-Plantes, qui reconnaissaient leur gardien et se laissaient caresser par lui.

Le rugissement de ces animaux est encore plus effrayant que leur aspect.

Madame Legendre. — Qu'est-ce donc alors?

Le Père. — Il commence d'abord par des intonations et des inflexions graves et lentes; puis il devient tout-à-coup aigu, et se change subitement en un cri perçant, interrompu par des frémissemens qui font sur l'esprit une impression déchirante, et, comme pour en augmenter l'effet, l'animal se fait entendre principalement dans la nuit, lorsque le silence et l'obscurité ajoutent à l'horreur de ce bruit, répété et accru alors au loin par tous les échos des rochers et des montagnes.

Edmond. — Voici encore des Tigres!.... Non: ce sont des *Jaguars femelles :* ils ressemblent beaucoup au Tigre. Quelle différence en fait-on?

Le Père. — Jules va te le dire.

Jules. — D'abord le Jaguar est originaire du Nouveau-Monde, et ne se trouve que là; on l'appelle *Tigre du Nouveau-Monde ;* il a les couleurs plus vives, plus éclatantes; et les taches de sa robe, comme tu vois, sont formés par des anneaux presqu'entiers, au centre desquels se trouve placé un point noir. Il est presqu'aussi terrible que le Tigre de l'ancien continent. Il terrasse les Veaux, les Chevaux et même les jeunes Taureaux. Il n'attaque cependant jamais l'homme, à moins d'y être poussé par la faim.

Madame Legendre. — L'espèce de ces animaux est-elle fort répandue?

Le Père. — Très-peu heureusement; le Tigre trouve un ennemi acharné dans le *Boa constrictor* qui, lorsqu'il le rencontre, le saisit, et, l'enlaçant dans les vastes replis de son corps, l'étouffe et le broie tout entier; et surtout dans l'homme, qui lui fait une guerre continuelle, autant pour s'opposer à ses dévastations, que pour se procurer sa précieuse fourrure.

Jules. — Voici maintenant des *Panthères*. C'est une variété de l'espèce du Tigre. Elle en diffère par la couleur de son pelage, qui est habituellement le jaune fauve, dont les nuances sont foncées sur le dos et pâles vers

Civette de Nubie.

Ours brun.

la poitrine et le ventre qui sont blancs ; elle a les habitudes du Jaguar, et montre une férocité beaucoup plus grande.

LE PÈRE. — A côté des Panthères, se trouve un *Ours mâle aux grandes lèvres,* de l'Inde, qui n'est qu'une variété de l'espèce de l'Ours *jongleur,* que les bateleurs du pays aiment à conduire sur les places publiques, à cause de sa difformité et de la bizarrerie de ses grimaces. Maintenant, si cela vous plaît, nous allons visiter l'intérieur du nouveau bâtiment : dans les pavillons qui le terminent à l'Orient et au Midi, nous trouverons des *Chacals,* des *Renards,* des *Civettes,* des *Ocelots,* et derrière, dans le Chenil, des *Loups,* des *Chiens-Loups,* et plusieurs variétés de l'espèce domestique du *Chien.*

Nous n'avons pas besoin de dire que la proposition fut acceptée avec des cris de joie par tous les enfans. M. Legendre se dirigea donc vers le pavillon de l'Est. Le gardien vint le lui ouvrir, et l'entretien du père et des enfans trouva un nouvel aliment dans les animaux qui s'y trouvaient renfermés. Le premier animal qui frappa en même temps leurs yeux et leur esprit, fut le *Chacal.*

LE PÈRE. — Le *Chacal* a, dans sa conformation, beaucoup de ressemblance avec le Renard; mais il a la tête plus courte, le museau moins pointu, et les jambes plus longues. On le range parmi les Chiens. En effet, il a beaucoup de leurs habitudes. Dans l'état sauvage, ces animaux sont d'une audace qui les fait redouter des plus puissans. Ils attaquent toute espèce de bétail, et entrent insolemment dans les bergeries, presque sous la vue de l'homme. Ils sont, outre cela, d'une voracité extraordinaire; et quand ils sont affamés, ils dévorent tout ce qui se trouve à leur portée, les bottes, les souliers, les cuirs des harnais, etc. Ils sont avides, surtout de la chair humaine, et, s'unissant plusieurs, ils creusent le sol, et exhument ainsi les cadavres déposés dans les cimetières; on est obligé, pour mettre les morts à l'abri de leur voracité, de battre fortement la terre sur les tombeaux, ou de les charger de grosses pierres. Ils ont un cri aigu, assez semblable au bruit que font plusieurs enfans qui jouent ensemble; quand un Chacal commence à hurler, il est imité de tous ceux qui l'entendent. Ces animaux ne cherchent leur proie que pendant la nuit. On les trouve dans tous les climats tempérés de l'Asie et de l'Afrique.

MADAME LEGENDRE. — Est-ce que cette affreuse bête ne mange que de la chair?

LE PÈRE. — Faute de mieux, le Chacal mange des racines, des fruits, et certaines productions végétales; dans l'état de captivité, il paraît très-friand de pain.

ALPHONSINE. — Il exhale une bien mauvaise odeur.

LE PÈRE. — Comme toutes les *Bêtes fauves*, et celles surtout qui se nourrissent de viande putréfiée. Nous avons déjà fait cette observation en parlant des Oiseaux de proie.

JULES. — Voici le héros de La Fontaine, le *Renard*.

LE PÈRE. — Nous avons eu déjà occasion de remarquer que La Fontaine avait des connaissances fort étendues sur l'Histoire naturelle ; l'étude du Renard nous confirmera dans cette opinion.

ALPHONSINE. — Alors, je sais déjà que le Renard est très-rusé et friand de volailles.

LE PÈRE. — La physionomie du Renard suffirait pour donner une idée assez juste de son caractère. Son museau pointu et effilé, ses oreilles droites et fines au bout, bien ouvertes à la conque, la mobilité de son œil, où brille un instinct très-développé, la vivacité de ses mouvemens ; tout en lui dénote la ruse et la malignité. Il n'y a pas de tour qu'il n'invente pour attraper sa proie. Tantôt, il s'avance vers les habitations en rampant ; s'il pénètre dans les étables, dans les poulaillers, il y met tout à mort ; puis, emporte lestement sa proie, et revient ainsi, plusieurs fois de suite, chercher un des animaux qu'il a tués ; il ne les cache pas tous au même endroit ; mais les enfouit sous la terre dans des endroits différens. Le matin, il devance le chasseur, et va s'emparer des Oiseaux pris au piège. Il leur dresse lui-même des embûches ; on a vu des Renards ranger, à côté les uns des autres, les restes de leur repas, pour attirer les autres petits Carnassiers, ou les petits Oiseaux de proie ; et, caché auprès de l'appât, s'élancer sur eux au moment qu'ils s'y attendaient le moins.

EDMOND. — *Compère le Renard est un fin matois !*

LE PÈRE. — Ceux-ci sont des variétés de l'espèce, qui n'ont rien de plus intéressant que nos Renards ordinaires. Passons par la Galerie intérieure des Animaux féroces, et allons visiter le Pavillon du Midi.

EDMOND. — Tiens, vois donc comme il me souffle au nez, ce gros Chat.

ALPHONSINE. — Mais on ne peut pas le regarder qu'il ne se mette en colère ; il est donc bien méchant ?

LE PÈRE. — L'*Ocelot* est beaucoup plus irritable que tous les autres *Carnivores Digitigrades* de son espèce (*les Chats*).

MADAME LEGENDRE. — Il ressemble tout-à-fait au Chat de notre climat, bien qu'il soit beaucoup plus fort.

LE PÈRE.— Et infiniment plus dangereux.

Cet animal est d'une indomptable férocité ;
il ne s'apprivoise jamais, et son gardien lui-
même, après plusieurs années de captivité,
n'en peut approcher qu'il ne donne des signes d'une violente colère. Quand il mange,
il ne souffre même pas que sa femelle s'approche de lui, et celle-ci ne peut manger
que les restes de son féroce époux. Buffon
raconte qu'un mâle et une femelle d'Ocelot
qui, enlevés jeunes à leur mère, avaient été
nourris par une Chienne, avaient acquis déjà
en trois mois assez de force et de férocité
pour dévorer leur nourrice.

EDMOND. — Parle-moi un peu de la *Civette*,
Jules ; tu m'as dit qu'elle donnait le parfum
qui porte son nom.

JULES. — Ce parfum est une sécrétion qui
se forme dans un double réservoir inguinal,
situé à une petite distance au-dessous de sa
queue, et que ce Quadrupède vide spontané-
ment dans l'état de domesticité ; les individus qui font le commerce de ce parfum, enferment l'animal dans une cage, de telle façon qu'il ne puisse faire aucun mal pendant

l'opération qu'on lui fait subir deux ou trois fois par semaine, et qui consiste à vider, avec une petite cuillère, la poche où se trouve cette sécrétion. La finesse et la qualité du parfum dépendent de la nourriture que l'on fournit à l'animal. Plus sa nourriture est abondante ou choisie, et plus le parfum qu'il donne est odorant.

ALPHONSINE. — Cet animal est-il aussi vorace que les autres *Carnivores?*

LE PÈRE. — Très-vorace, et très-déprédateur; il a beaucoup des habitudes du Renard.

La famille passa derrrière le bâtiment des Animaux féroces, et se dirigea, conduite par le gardien, vers le Chenil, où les enfans furent très-surpris de voir cet homme jouer familièrement avec les Loups et les Louves; Jules surtout s'en étonna, et témoigna sa surprise à son père.

LE PÈRE. — Cet animal, très-farouche et d'une grande férocité dans l'état sauvage, est, en domesticité, aussi doux et aussi facile à gouverner que nos Chiens; il ne faut cependant pas le mettre en liberté, car il reprend aussitôt tout son naturel sauvage. Dans la Perse, les bateleurs dressent ces animaux à danser dans les foires, et à faire mille tours. — Les *Chiens-Loups* tiennent toujours plus de la nature du Loup que de celle du Chien.

Les enfans admirèrent un *Lévrier d'Abyssinie*, et différentes espèces de *Chiens*, des *Dogues*, des *Chiens de Terre-Neuve*, etc., puis sortirent enchantés du logement des bêtes féroces, et se dirigèrent vers la grande allée des Marronniers ; car, dans le projet de leur père, ils devaient visiter tous les différens jardins, l'*École de Botanique*, le *Carré des Exemples de greffes*, les *Serres*, etc. Chemin faisant, M. Legendre, qui ne perdait pas une seule occasion d'instruire ses enfans en les amusant, mit la conversation sur les derniers animaux qu'ils venaient de voir, sur les Chiens. Vous connaissez tous, leur dit-il, la fidélité du Chien ; elle est devenue proverbiale, et cet animal a été pris pour l'emblème de la fidélité.

Vous connaissez sa sobriété, son dévouement à ses maîtres ; vous avez lu mille histoires qui prouvent sa sagacité merveilleuse ; je pense cependant que vous ne serez pas fâchés d'en entendre encore une ou deux que vous ne connaissez pas.

Les enfans acceptèrent avec empressement l'offre de leur père, et, tout en se dirigeant vers le nouveau but de sa promenade, il commença ainsi :

« Un homme, nommé Lefebvre, Français d'origine, habitait l'Amérique depuis long-temps déjà ; la famille de ce pauvre réfugié se composait de onze enfans ; il fut fort surpris un jour de ne pas voir le plus jeune, âgé de quatre ans, qui avait disparu sur les dix heures du matin. Le père et la mère le cherchèrent en vain dans les champs ; désespérés de cet événement, ils allèrent avec leurs voisins à la découverte, et s'enfoncèrent dans l'épaisseur des bois, qu'ils battirent avec la plus scrupuleuse attention. Mille fois ils appelèrent l'enfant par son nom, et ils n'en reçurent aucune réponse. Ils se réunirent au pied d'une montagne, sans pouvoir, ni les uns ni

les autres, donner des nouvelles de l'enfant.
Après s'être reposés quelques instans, ils se
partagèrent de nouveau en plusieurs bandes,
et aux approches de la nuit, les parens, dans
leur désespoir, ne voulurent jamais consen-
tir à retourner à leur domicile, à raison de
ce que leur inquiétude pour l'enfant s'ac-
croissait encore par la crainte qu'ils avaient
des Chats sauvages, animaux si terribles
que les habitans peuvent à peine leur résis-
ter. Leur imagination troublée leur repré-
sentait l'horrible idée d'un Ocelot ou de quelque autre bête féroce, prête à déchirer ce petit innocent : « Derick ! mon cher Derick ! où
es-tu ? » s'écriait la mère de l'accent de voix
le plus touchant ; mais c'était en vain. Dès
que le jour parut, ils renouvelèrent leurs recherches avec aussi peu de succès que la
veille ; heureusement, néanmoins, un sauvage chargé de pelleteries, et qui revenait
d'un village voisin, entra dans la maison de
Lefebvre, comme il avait coutume de le faire
en voyageant dans cette partie du pays. Fort
étonné de ne trouver à la maison qu'une

vieille négresse qui y était retenue par ses infirmités : « Où est ton maître ? s'écria l'Américain. — Hélas ! reprit la négresse, il a perdu son petit Derick, et tout le voisinage est occupé à courir après lui dans les bois. — Il était alors trois heures de l'après-midi. — Sonne du cor, dit l'Américain, et tâche de rappeler ton maître à la maison. » — La vieille sonna du cor, et aussitôt que le père fut venu, l'Américain lui demanda les derniers bas et les derniers souliers que le petit Derick avait portés. Il ordonna alors à son Chien, qu'il avait amené avec lui, de les flairer. Puis, prenant la maison pour centre d'un rayon, il décrivit autour d'elle un cercle du diamètre d'un quart de mille, en ordonnant à son Chien de quêter partout où il le menait. Le cercle n'était pas entièrement parcouru, lorsque l'animal se mit à aboyer. Le son de sa voix transmit une faible lueur d'espérance au père et à la mère, qui étaient inconsolables. Le Chien, en suivant les émanations du corps de l'enfant, se mit à aboyer de nouveau ; chacun s'empressa de le suivre ; mais on le perdit de nouveau dans les bois. Une demi-heure après, on l'entendit encore, et on le vit revenir. La contenance de ce pauvre animal était visiblement changée : un air de gaîté et de satisfaction semblait l'animer, et ses gestes indiquaient que ses recherches n'avaient pas été infructueuses : « Je suis sûr qu'il a retrouvé l'enfant, dit l'Américain ; mais le point le plus inquiétant était de savoir s'il était mort ou en vie. L'Américain courut aussitôt sur les traces de son Chien, qui le conduisit au pied d'un gros arbre, où l'enfant était couché, dans un état de faiblesse qui approchait de la mort ; il le prit tendrement dans ses bras, et l'apporta à ses parens.

Heureusement, ils étaient en quelque sorte préparés à cet événement, et s'étaient munis de tout ce qui était nécessaire pour le restaurer. Leur joie fut si grande, qu'il se passa plus d'un quart d'heure avant qu'ils pussent témoigner leur reconnaissance à celui qui leur avait rendu leur enfant ; après avoir baigné de larmes et couvert de baiser le visage de ce petit malheureux, ils se jetèrent au cou de l'Américain, dont le cœur était à l'unisson de celui de ces sensibles parens. Leur reconnaissance s'étendit jusqu'au Chien, et ils le caressèrent avec un plaisir inexprimable, comme un être dont la sagacité était parvenue à retrouver le gage de leur tendresse ; et s'imaginant que cet animal avait besoin de manger, ils lui servirent un bon repas. L'animal et son maître continuèrent leur route ; et toute la société, charmée de cet événement, retourna au village, enchantée de l'Américain et de son Chien incomparable.

Les enfans étaient aussi enchantés qu'avaient pu l'être les voisins de ce pauvre père ; et portaient aux nues les qualités et la sagacité du Chien, et le mettaient au-dessus de tous les animaux. Leur père les fit revenir de cet engouement exclusif, et, tout en louant avec eux le merveilleux instinct de cet animal, leur rappela les preuves qu'il leur avait données, de l'intelligence de l'Éléphant, et leur rappela les services que nous rend le Cheval et divers autres animaux.

« Il faut savoir rendre à chacun la justice qui lui est due, leur dit-il en finissant, et, c'est être injuste que de tout donner à l'un en oubliant les autres. » On était arrivé au commencement de la grande allée des Marronniers, et comme le sujet de la conversation allait être entièrement changé, le Père crut devoir préparer ses enfans à ce nouvel enseignement, afin de leur rendre la transition moins brusque ; et nous verrons, dans le chapitre suivant, par quel moyen il put les faire sortir insensiblement de l'Histoire des Animaux pour les amener à celle des Végétaux.

CHAPITRE II.

L'Allée des Marronniers. — Carré des Exemples de Greffes et des Haies. — Culture des Arbres fruitiers. — École de Botanique. — Orangeries. — Les Serres et les grands Pavillons. — Allée de Tilleuls. — Carré de Culture de Plantes et de Fleurs vivaces. — Pépinière. — Carré de Culture des Plantes potagères. — Carré de culture des Plantes médicinales. — Deuxième allée de Tilleuls. — Petit Bois et Pépinière. — Carré de Culture de Fleurs. — Café-Restaurant et Laiterie. — Cabinet de Botanique et de Géologie. — Cabinet de Minéralogie et Bibliothèque. — Cabinet d'Histoire naturelle. — Le Labyrinthe. — Paris à vol d'oiseau. — Retour et Conclusion.

out en redescendant vers les Serres par la grande allée de Marronniers, Jules demanda à son père, s'il était d'une grande utilité de conserver ainsi des animaux féroces à la Ménagerie.

Le Père. — Si l'étude des animaux féroces

ne peut être d'une utilité aussi générale que
celle des animaux paisibles, elle ne laisse
point d'avoir son importance. Il y a telle race
aujourd'hui domestique, qui d'abord a été
sauvage ; d'ailleurs n'est-il pas d'un grand intérêt pour la science, de transmettre à la pos-
térité d'une manière sûre, les mœurs et la nature de la constitution des animaux féroces ;
c'est ainsi que l'on peut s'assurer de la vérité
des conquêtes de l'Homme sur la Nature, en
se rendant compte des races inutiles ou nuisibles, qui, refoulées par l'homme, et pour-
suivies à outrance par ce roi despotique de la
terre, ont disparu de la surface du globe ;
d'ailleurs on acquiert ainsi la possibilité de
les combattre avec plus d'avantages, si l'on
ne peut parvenir à les réduire en domesticité,
ce qui n'est pas probable pour beaucoup de
races ; il n'en est pas ainsi des Végétaux de
toutes espèces, dont nous allons nous occuper maintenant ; ils ont tous un intérêt beaucoup plus direct ; ceux-ci par leurs vertus utiles ; ceux-là, par leurs vertus malfaisantes ; on
apprend ainsi tout le parti que l'on peut ti-

rer des premiers, on connaît les terres et les températures qui leur conviennent, les soins qui leur sont nécessaires, la manière dont on peut les employer.

EDMOND. — Voilà des Marronniers; mais il n'y a plus de marrons.

MADAME LEGENDRE. — C'est grand dommage, n'est-ce pas Edmond? Tu aimerais autant en remplir tes poches, que de savoir par exemple d'où nous vient le Marronnier?

JULES. — Est-ce que ce n'est pas un arbre indigène?

LE PÈRE. — Son nom seul te l'indique, puisque l'on dit : *Le Marronnier d'Inde.*

JULES. — Donc, il nous vient des Indes?

LE PÈRE. — Oui, mon cher enfant, c'est une conquête de l'Europe sur l'Asie; nous devons ce bel arbre, qui orne aujourd'hui si avantageusement nos parcs et nos jardins, au studieux Bachelier qui le rapporta en 1620 du Levant. A notre droite, voici le carré des *Exemples de Greffes et de Haies.* C'est là que, par d'heureuses tentatives, on change en quelque sorte la nature des plantes; c'est à

la greffe que nous devons la Pêche, et les Ro-
siers élevés et les Pommiers nains. Le carré
qui suit est appellé l'*École des Arbres fruitiers;*
elle contient tous les arbres qui peuvent donner à l'homme un fruit utile ou agréable;
c'est là qu'on étudie leurs développemens et
les moyens d'en améliorer les produits, et de
les perfectionner. Elle contient plus de onze
cents espèces ou variétés d'arbres et d'arbrisseaux ; elle est partagée en trois divisions,
suivant la nature particulière de chaque arbre.

1° Les arbres dont le fruit soit une *baie*,
comme la *Vigne;* ceux dont le fruit est à
noyau, comme les *Pêchers,* les *Pruniers,* etc.;
soit à osselet, tels que les *Nefliers,* les *Aze-
roliers;*

2° Les arbres à fruits charnus, qui ressemblent à une pomme; on y comprend également ceux dont les fruits sont à pepins, tels
que le *Cognassier,* le *Poirier,* etc. Cette sous-
division est la plus nombreuse en variétés,
puisque celle du Poirier s'élève à cent qua-
tre-vingt-cinq; et enfin des fruits juteux, tels
que *Figuiers, Orangers,* etc.;

3° Les arbres qui produisent les fruits en coques ou à capsules; tels sont les *Noyers*, les *Pins*, les *Noisetiers*.

ALPHONSINE. — Je conçois que cette École soit d'une très-grande utilité, comme offrant des moyens de répandre plus généralement toutes les variétés des arbres utiles.

LE PÈRE. — Et surtout parce qu'elle offre à tous les agriculteurs, qui suivent le Cours de Culture et de Naturalisation qui se fait au Jardin-du-Roi, l'application des principes qu'ils y reçoivent.

Cette École a été plantée en 1792, sous le ministère de Rolland: Bernardin de Saint-Pierre était alors intendant du Jardin.

Nous voici maintenant au *Jardin Botanique* où nous allons entrer; mais nous le parcourrons rapidement, en signalant seulement ce qu'il renferme de plus remarquable. Avant tout, je vous recommande la plus grande prudence.....

JULES. — Nous savons bien, papa, que toucher aux plantes ou aux fleurs d'un jardin, est la marque d'une mauvaise éducation.

LE PÈRE. — Une autre raison encore me fait vous recommander la prudence : c'est que plusieurs de ces plantes renferment un poison très-actif.

ALPHONSINE. — Oh! je me garderai bien d'y toucher !

LE PÈRE. — Voici, par exemple, sous nos yeux le *Rhus Toxicodendrum,* appelé aussi *Sumac* ou *Fustet* des *Corroyeurs*. Il suffirait de porter une feuille de cette plante à ses lèvres, ou même de l'écraser entre ses doigts, pour que le suc y produisît aussitôt des pustules.

ALPHONSINE. — Oh! voici une charmante petite *Renoncule!*

LE PÈRE. — Eh bien! tu n'y toucherais pas sans un grand danger, car on prétend que les anciens s'en servaient pour empoisonner leurs flêches. Celle-ci est la *petite Douve;* celle qui la suit, est la *Bulbeuse,* et la troisième est la *Renoncule Thora,* la plus dangereuse de toutes.

MADAME LEGENDRE. — Est-ce que toutes les Renoncules sont aussi redoutables ?

LE PÈRE. — Non pas toutes, mais la plupart. L'arbrisseau qui suit est le *Pistache de terre*, dont le fruit mûrit en effet dans la terre, et dont les semences, bonnes au goût, donnent une huile agréable, qui pourra devenir d'un grand secours, lorsque la culture de cette plante essayée avec succès dans des terreaux arides et sablonneux, sera plus généralement répandue. A côté de lui, se trouve le *Mûrier à papier*, bien remarquable par la forme de ses feuilles, et qui doit son nom au papier que les Chinois et les Japonais font avec l'écorce de ses jeunes branches.

JULES. — Voici, je crois, le *Panax* ou *Ginseng?*

LE PÈRE. — Cette plante a peu d'intérêt pour nous, mais les Chinois lui attribuent des propriétés merveilleuses.

EDMOND. — Voici, je pense, du *Réséda?*

LE PÈRE. — C'est la *Gacida,* qui est en effet une espèce de Réséda, très-facile à cultiver, et qui sert à teindre en jaune. A côté, voici la Rhubarbe naturalisée en France.

MADAME LEGENDRE. — Ah! par exemple, je

reconnais bien cette petite plante ; c'est l'*Héliotrope !*

LE PÈRE. — L'*Héliotrope péruvien.*

ALPHONSINE. — Pourquoi l'appelle-t-on *péruvien ?*

LE PÈRE. — Parce qu'il nous est venu du Pérou.

EDMOND. — C'est une fleur bien commune cependant ; les bouquetières la vendent au coin des rues ; je croyais qu'on la trouvait partout.

LE PÈRE. — Elle est aujourd'hui très-commune, j'en conviens ; mais cependant c'est une plante exotique naturalisée en France, depuis moins d'un siècle. Joseph de Jussieu, qui voyageait au Pérou, avec La Condamine, la cueillit dans la vallée du Riobomba, et en envoya les premières graines au Jardin-des-Plantes, en 1740.

ALPHONSINE. — Il lui a fait là un bien joli présent ; cette fleur exhale un parfum très-agréable.

MADAME LEGENDRE. — Elle a une odeur qui approche un peu de la Vanille.

LE PÈRE. — On la cultive aujourd'hui dans tous les jardins ; nous avons en France, un *Héliotrope sauvage*, dont les feuilles amères et caustiques, sont propres pour faire disparaître les verrues.

JULES. — Oh ! voici une plante bien singulière. Sa tige et ses feuilles sont couvertes de petits glaçons. Il fait chaud encore maintenant, comment le grésil peut-il s'attacher à cette plante ?

LE PÈRE. — Tes yeux te trompent, mon cher ami, et bien d'autres y seraient trompés comme toi. Ces petits glaçons ne sont que la sève de la plante même, qui filtre et s'évade à travers la tige, et qui, en se coagulant, forme ces petites gouttes brillantes que vous voyez. Ces petites gouttes ressemblent si fort à de la glace, que la plante en a pris le nom de *Glaciale*. Elle est assez commune aujourd'hui.

JULES. — Quel est cet arbrisseau dont la tige se roule si fortement autour de cet arbre ?

LE PÈRE. — C'est le *Scelastrus Scandens*,

Bourreau des Arbres; retenez-bien ce nom.

EDMOND. — Pourquoi, papa, nous recommandes-tu de retenir particulièrement ce nom ?

LE PÈRE. — C'est afin qu'il ne vous arrive jamais de faire ce que fait cet arbre odieux. Il fait du mal à celui qui lui fait du bien ; il nuit à celui qui l'a élevé ; il étouffe son bienfaiteur.

MADAME LEGENDRE. — Allons plus loin ; je ne vois ici que des plantes peu agréables.

LE PÈRE. — Avant de passer à l'Orangerie, puis aux Serres, remarquez la *Fraxinelle;* si, dans une belle soirée d'été, vous approchiez une bougie de cette plante, l'atmosphère qui l'environne s'enflammerait aussitôt.

Les enfans étaient fort étonnés des vertus merveilleuses des plantes qui venaient de passer sous leurs yeux ; mais leur étonnement devait s'accroître encore dans la visite suivante.

En entrant dans l'Orangerie, ils furent frappés d'admiration : son aspect vaste, l'extrême propreté qui y régnait, le soin avec lequel les différens arbustes étaient rangés, leur firent jeter une exclamation de satisfaction.

JULES. — Il me semble retrouver ici des plantes que nous venons de voir déjà.

LE PÈRE. —L'Orangerie renferme des doubles de la plupart des plantes du Jardin de l'École ; mais elle en renferme d'autres aussi. Voici, par exemple, le *Cannelier*, dont tout le monde connaît l'écorce et son usage. Les diverses espèces de *Térébynthes*, qui, presque toutes, produisent des résines estimées ; voici celui de *Chio*, dont la térébynthe si renommée porte le même surnom, et le *Pistachier de Malte*, dont l'amande est employée par les confiseurs et les cuisiniers ; le *Jujubier*, dont le fruit qui est sain lorsqu'il est récent, est employé dans beaucoup de maladies quand il est desséché. A côté de lui, voici l'*Indigotier*, qui nous donne, par la fermentation, cette liqueur colorante avec laquelle on obtient le plus beau bleu.

JULES. — Le bleu indigo?

LE PÈRE. — Justement ; puis, voici des variétés du *Ciste*, parmi lesquelles on distingue le *Ladanifère*.

EDMOND. — C'est de cet arbrisseau, sans doute, que l'on retire la liqueur dont tu faisais usage l'année dernière ; il y avait écrit sur l'étiquette du flacon qui la contenait : *Ladanum pour usage externe.*

LE PÈRE. — Je vois que tu as bonne mémoire. Le *Ladanum* est une substance résineuse et bienfaisante dont la réputation remonte à la plus haute antiquité. Cette résine, qui transpire de tous les pores de l'arbre, se recueille, soit en Grèce, soit en Italie, en frappant l'arbre avec de grands fouets garnis de lanières.

ALPHONSINE. — Qu'est-ce que c'est que ce grand arbre, presque sans feuilles?

LE PÈRE. — C'est le *Cierge du Pérou*, qui s'élève dans son pays jusqu'à la hauteur de trente pieds ; il est au Jardin-des-Plantes depuis plus d'un siècle, et n'a que quelques pieds carrés de terre pour végéter. Enfin, remarquez le *Câprier,* qui naît en Sicile, dans la Grèce, dans l'Egypte, etc. ; mais on le cultive aussi en Provence de temps immémorial, puisque son fruit conserve encore le nom grec dans le mot provençal, *Tapenos,* qui signifie *Rampant.* En effet, cet arbrisseau rampe à terre, ou le long des murailles, où il croît. On le plante en pleine terre dans les endroits où le climat est plus chaud ; et ailleurs, au pied d'un mur qui l'abrite des vents du Nord. Les Câpres sont les boutons de la fleur qui n'est pas encore épanouie.

JULES. — Est-ce que tous ces végétaux sont naturalisés aujourd'hui en France.

LE PÈRE. — La plupart le sont, et chaque année les jardiniers du Jardin-des-Plantes naturalisent ainsi quelques plantes utiles ou agréables, qui augmentent nos richesses et nos plaisirs.

EDMOND. — Le Jardin-des-Plantes est le premier établissement du monde, et je n'aurai pas cru que l'étude de la Botanique fût aussi importante.

LE PÈRE. — Votre intelligence se développe à chaque pas nouveau que nous faisons au Jardin. Réservez pourtant une bonne partie de votre admiration ; car nous avons à voir bien des merveilles encore, et voici d'abord le *Sablier éclatant*, que l'on a appelé vulgairement *Arbre au Diable*, parce que son fruit, en s'ouvrant, produit une détonation semblable à celle d'un pistolet ; puis, à côté, les *Opuntia* et les *Nopals* précieux, parce que c'est sur leur tige que l'on trouve le petit insecte appelé *Cochenille*, qui fournit une magnifique couleur écarlate. Après, vous remarquerez dans la famille des *Apocins*, celle de ces plantes que l'on nomme la *Ouate*, peu utile en ce que cette substance fibreuse est cassante ; le surnom de *Gobe-Mouche* donné à celle qui est voisine, fixera sans doute vos regards ; et, en effet, si quelque insecte vient plonger au fond de la fleur pour en sucer le miel, on verra ses bords se refermer, et enfermer le petit larron, qui rendra sa prison d'autant plus étroite, qu'il se débattra davantage.

ALPHONSINE. — Je m'amuserais beaucoup

à voir le Gobe-Mouche prendre ainsi les petits insectes.

LE PÈRE. — Je regrette de ne pouvoir pas te procurer ce plaisir; mais les Serres nous attendent, et nous allons nous y diriger. Pendant le court trajet qui nous en sépare, je dois vous dire un mot sur l'utilité des Serres, et particulièrement sur la Serre de Naturalisation. Chaque plante ou arbrisseau exotique est accoutumé dans le pays d'où il est originaire à une certaine température qu'il faut lui donner, quand on veut le conserver. C'est pourquoi nous avons des Serres pour toutes les plantes, qui montent graduellement de 0 glace à 8, à 12, à 15 degrés, et même au-dessus; comme, par exemple, la *Serre Philibert,* dont nous parlerons tout-à-l'heure. En faisant passer ces plantes d'une Serre dans l'autre, et les habituant par degrés à une température moins forte, on parvient à les naturaliser, c'est-à-dire à en rendre la culture possible sous notre climat.

JULES. — C'est sans doute ce que l'on a

fait pour l'*Héliotrope péruvien,* dont nous parlions tout-à-l'heure.

Le Père. — Précisément, et pour un très-grand nombre d'autres, que j'ai déjà eu occasion de vous signaler, et que je vous ferai remarquer dans le reste de notre visite au Jardin. Mais, entrons dans la Serre d'en bas d'abord, appelée *Serre Courbe.* Au-dessus, se trouve la *Serre Baudin,* construite en 1798, et qui a pris son nom du capitaine Baudin, qui rapporta des Antilles la plupart des plantes qu'elle contient.

Edmond. — Je n'avais pas encore vu de plante aussi singulière que celle-ci. Les fleurs sont au bout des feuilles.

Le Père. — C'est le *Xylophilla.* Voici, plus loin, le *Sainfoin tournant,* ainsi appelé parce que ses feuilles ont, surtout dans les belles journées de l'été, un mouvement continuel et régulier. L'*Igname,* plante d'Amérique dont la racine blanche et farineuse, que l'on mange soit cuite avec le bœuf, soit rôtie, fait aussi de très-bonne bouillie. C'est une grande ressource pour les habitans de ce pays,

EDMOND. — Qu'est-ce que cet arbuste dont l'étiquette porte le nom de *Mahogon*.

LE PÈRE. — C'est l'Acajou, dont vous connaissez tous les usages. A côté, voici la *famille* des *Crecopia*, le *Muscadier aromatique*; enfin, le *Cotonnier....*

ALPHONSINE. — Est-ce que le coton est un produit végétal?

LE PÈRE. — Oui, ma fille; les Cotonniers sont des herbes ou des arbrisseaux très-analogues aux Mauves par tous les caractères botaniques, n'en différant qu'en ce que leurs graines sont enveloppées d'un duvet laineux, fort épais, auquel on donne le nom de *coton*. Les espèces qui fournissent cette substance qui fait l'objet d'un commerce important, sont extrèmement nombreuses et répandues dans toutes les contrées méridionales de l'Asie et de l'Amérique. On en cultive aussi beaucoup en Grèce et dans l'Asie-Mineure. On a même essayé de les acclimater en France; mais, soit défaut de précautions, soit délicatesse de la plante, les efforts qu'on a faits sont demeurés sans succès jusqu'ici, quoiqu'on n'ait pas renoncé entièrement à cette tentative.

MADAME LEGENDRE. — Il est très-malheureux que nous n'ayons pu obtenir ce beau résultat; il nous eût délivré de la concurrence de l'Angleterre, ou, du moins, nous eût permis de la soutenir avec avantage.

LE PÈRE. — On entretient dans la Serre Baudin, une chaleur constante de quinze degrés. Le grand Pavillon où nous passons maintenant, a une température presqu'aussi élevée. En entrant, remarquez le *Draconnier*, arbre des Indes, d'où découle la résine, nommée Sang-Dragon, que l'on emploie dans les vernis, et dont on fait un grand usage en médecine.

JULES. — Quel est cet arbre si extraordinairement gonflé vers le milieu de sa tige?

LE PÈRE. — C'est le *Fromager* ou *Bombax*, dont le bois, fort tendre, est appelé par les commerçans *Bois épineux des Antilles*, ou *Fromage de Hollande;* il doit son nom à ce que son tronc ressemble en quelque sorte, dans son intérieur, à du fromage; mais l'on sera moins surpris du peu de dureté de ce bois, lorsqu'on saura qu'aux Antilles cet arbre croît avec une telle vitesse, qu'une branche de la grosseur d'une canne, mise en terre, vient en moins de dix ans de la grandeur d'un beau chêne. Le *Souchet à Papier* qui suit, doit nous rappeler d'antiques souvenirs, puisque c'est avec les petites lames de sa tige, et même, à ce qu'on croit, avec les feuilles de cette plante, que les Égyptiens faisaient leur papier, qui n'était qu'une espèce de tissu mis en presse, et dont on retrouve encore des vestiges sur les dépouilles de quelques momies; il paraît d'ailleurs que l'écorce intérieure s'employait également à fabriquer des tissus dont ils faisaient des voiles et des vêtemens.

Alphonsine. — Les Égyptiens devaient cultiver avec bien du soin un arbre si précieux, qui leur donnait du papier et des habits.

Le Père. — Maintenant, voici le *Sapotilier*, si connu sous le nom de **Bois de Fer**, qu'il doit à sa dureté.

Edmond. — J'ai lu, dans un *Voyage*, que les

sauvages s'en fabriquaient des sabres et toutes sortes d'armes.

LE PÈRE. — Ce qui fait que, dans ce pays, l'expression de *sabre de bois* n'est nullement ridicule. Il est tout petit ici ; mais, dans son pays natal, il parvient jusqu'à cent vingt pieds de tour, et vit, dit-on, plus de cent mille ans. Le *Cecropia*, arbre de la Jamaïque, qu'on a nommé aussi *Bois trompette* à cause de ses tiges noueuses et creuses, et auquel les habitans du lieu où il croît attribuent des propriétés aussi extraordinaires que merveilleuses.

ALPHONSINE. — Oh ! quelles grandes feuilles ! Jamais je n'en ai vu de si grandes.

LE PÈRE. — C'est le *Figuier d'Adam,* espèce de bananier, dont la feuille a la forme d'une large ceinture, ce qui lui a valu son nom. Celle du *Cocotier à fruit double* des îles Séchelles, a douze ou quinze pieds de long et sept ou huit de large ; elle suffit pour couvrir toute une famille. La nature a fait dans ces climats des parasols pour des villages entiers ; le *Figuier,* qu'on appelle aux Indes *Figuier des Banians*, croît sur le sable brûlant du rivage de la mer, en jetant de l'extrémité de ses branches une multitude de jets qui s'inclinent vers la terre, y prennent racine, et forment autour du tronc principal quantité d'arcades couvertes d'un ombrage impénétrable.

JULES. — Cela doit faire de fort belles galeries et très-agréables en été; j'ai déjà vu la description de l'arbre suivant. N'est-ce pas le *Palmier datte?*

LE PÈRE. — C'est un arbre précieux pour l'Asie et l'Afrique; il croît aussi dans les contrées chaudes de l'Europe. Son bois, la touffe de jeunes pousses qui surmontent le tronc, les feuilles, les touffes filamenteuses qui entourent les grappes, le noyau même du fruit, tout a une destination plus ou moins utile. A côté de lui, le *Palmier Cycas*, dont la moëlle donne le *Sagou*, substance nourrissante fort estimée des habitans des îles Moluques. Dans le pavillon vis-à-vis où nous sommes maintenant, voici le *Cocotier* qui croît dans les Maldives.

EDMOND. — Oh ! je sais que c'est un arbre des plus utiles.

LE PÈRE. — Le Cocotier devient, dans ces îles, plus beau que dans aucun lieu du monde ; et, chose digne de remarque, l'arbre le plus utile aux marins croît sur le bord des mers les plus fréquentées. Tout le monde sait qu'on bâtit un vaisseau de son bois, qu'on en fait les voiles avec ses feuilles, le mât avec son tronc, les cordages avec l'étouppe qui entoure son fruit, et qu'on le charge ensuite de ses Cocos ; n'est-ce pas une merveille de la Nature, que ce fruit vienne plein de lait, dans des sables brûlans et sur les bords de l'eau salée. Ce n'est même que sur les bords de la mer que l'arbre qui le porte parvient dans toute sa beauté, car on en voit peu dans l'intérieur des terres.

MADAME LEGENDRE. — Je remarque que l'Europe est bien pauvre à côté de l'Asie, de l'Afrique et de l'Amérique, et que les arbres les plus merveilleux et les plus utiles ne viennent que sous ces climats.

LE PÈRE. — Il faut admirer ici la sagesse

du Créateur ; en effet, ces pays où un soleil ardent brûle toujours le sol, demandaient une végétation appropriée aux besoins des habitans et à la nature du climat. Ces arbres nous seraient bien moins utiles à nous Européens, dont le pays est à chaque pas coupé de fraîches et larges rivières, et chez qui abondent toutes les espèces d'arbres à fruits. Voici le *Thé* que vous connaissez bien, et qui se cultive particulièrement dans la Chine.

Jules. — Est-ce que nous ne trouverons pas la *Canne à sucre ?*

Le Père. — Si, mon ami ; le voilà à ta gauche.

Edmond. — Quoi ! c'est ce petit roseau que je vois là qui est la Canne à sucre ?

Le Père. — Oui, voilà cette plante qui fait la richesse des pays où on la trouve, et fournit mille commodités à ceux où on la porte.

Alphonsine. — Comment en tire-t-on le sucre ?

Le Père. — Le sucre n'est autre chose que le sel qui se trouve dans le jonc ou dans la moëlle de ce roseau qu'on cultive aux In-

des-Orientales, et plus encore en Amérique.
La Canne à sucre couchée en terre dans un
sillon, pousse de chacun de ses nœuds autant de cannes qui, à la hauteur de sept ou
huit pieds au plus, produisent un bouquet
de feuilles assez semblables à nos *Glayeuls*,
et une flèche terminée comme vous le voyez
en petit, par un panache à peu près semblable à celui de nos roseaux communs ; mais
les nôtres sont inutiles, si ce n'est que nous
en faisons d'assez jolies quenouilles, au lieu
que la Canne à sucre contient un sirop délicieux. A l'aide des bras de ces malheureux
esclaves que des marchands vont acheter
comme des Chevaux ou des Bœufs dans le
Sénégal ou sur les côtes de la Guinée, on
brise les tuyaux ou les cannes sous l'arbre
d'un moulin : on en fait passer le jus succes-
sivement dans cinq chaudières différentes,
et, par divers apprêts, on parvient à séparer
le sirop d'avec le sel essentiel qu'il contenait.
Voilà l'origine du sucre que nous préférons,
sans façon, au miel que les anciens esti-
maient tant.

EDMOND. — Ils avaient bien raison, et j'aime presqu'autant le miel que le sucre.

ALPHONSINE. — Je suis sûre que c'est par ce qu'on lui en fait quelquefois des tartines; oh! le friand!

LE PÈRE. — Avant de sortir du deuxième Pavillon pour rentrer dans les Serres chaudes, regardez le *Ravelana*, bananier, connu à Madagascar sous le nom de l'*Arbre des Voyageurs*, parce que la base de ses feuilles forme un réservoir toujours plein d'une eau fraîche et limpide. Le *Pandanus Odoratissimus*, dont les fleurs mâles, sont recherchées en Égypte à cause de leur parfum; enfin, le *Passiflora Alata*, dont les rameaux peuvent s'étendre à plus de cinquante pieds, et restent pendant huit mois couverts de fleurs.

La Serre Philibert est la plus chaude de toutes; elle a toujours de quinze à vingt degrés de chaleur. Elle prend aussi son nom du capitaine Philibert, qui, en 1821, ramena de l'Inde et de Cayenne la plupart des plantes dont elle est garnie, lesquelles ont été récoltées par M. Perrotet, alors jardinier du

Muséum. Vous voyez l'arbre à *Pain Sauvage*, dont nous avons déjà parlé ; le *Curcuma*, le *Muscadier*, le *Cafeyer*, arbre ou arbrisseau originaire des contrées méridionales de l'ancien continent, remarquable par son fruit, qui ressemble à une cerise pour la grosseur et pour la couleur, et qui renferme deux graines aplaties et collées l'une contre l'autre ; la principale espèce de ce genre est le Cafeyer ordinaire qui croît naturellement en Arabie, d'où il a été transplanté aux Indes, en Amérique et aux Antilles, où il s'est parfaitement acclimaté. C'est un arbrisseau d'environ vingt pieds de haut, dont les graines torréfiées et moulues, donnent par infusion cette liqueur si connue sous le nom de *café*.

Edmond. —Et qui est si bonne, mêlée avec du lait.

Madame Legendre. —Je vois que mon petit Edmond connaît très-bien les bonnes choses.

Le Père. —On a pourtant dit que le café était nuisible : il est vrai que certaines personnes n'en font pas impunément usage.

ALPHONSINE. — Comme maman à qui le café donne toujours mal à la tête.

LE PÈRE. — Il y a cependant un très-grand nombre de personnes à qui le café est très-agréable et très-utile.

JULES. — L'étiquette de cet arbre m'est connue; c'est le *Rocou*, originaire des îles de l'Amérique. Je sais qu'il est d'une assez grande utilité.

LE PÈRE. — On tire de la graine du Rocou. par infusion ou par macération, une pâte que les teinturiers emploient pour mettre en première couleur les laines que l'on veut teindre en rouge, bleu, jaune, etc. Les Caraïbes se servent de la couleur rouge que donne cette graine pour se frotter le corps, ce qui empêche l'eau de la mer de faire impression sur leur peau.

MADAME LEGENDRE. — J'ai lu quelque part. qu'il y avait un arbre qui donnait une espèce de suif: le trouverons-nous ici?

LE PÈRE. — Le voici. Cet arbre croît naturellement à la Chine, et son fruit, broyé et bouilli dans l'eau, donne une substance

22

blanche, avec laquelle on fait de bonne chandelles : l'arbre qui suit est le *Mancenillier.*

JULES. —Qui contient, je crois, un suc laiteux, poison très-subtil, dans lequel les sauvages trempent leurs flèches.

LE PÈRE. — On prétend même que l'action de ce poison est si violente, qu'il donne la mort au malheureux voyageur, qui, attiré par la fraîcheur de son ombrage, s'endort sous son feuillage.

ALPHONSINE. — Si nous avons des arbres à envier aux contrées lointaines, en voilà un bien dangereux, dont nous sommes heureusement privés.

LE PÈRE. — C'est une compensation, et nous aurons lieu d'en montrer beaucoup de ce genre. L'arbre qui est sous vos yeux est le *Curcuma,* dont la racine desséchée est achetée en France sous le nom de *Terra Merita,* et que les Orientaux emploient comme assaisonnement dans leurs mets. C'est cette même racine que nous employons, ainsi qu'eux, à teindre les liqueurs, et que la médecine considère comme un bon remède con-

tre la jaunisse ; puis l'*Abrus*, dont les petites semences d'un beau rouge servaient autrefois à faire des boucles d'oreilles, des col-
liers, des bracelets, etc.

Jules. — J'en ai vu dans une petite boîte
où ma mère met ses bijoux ; c'est en effet
un très-joli fruit.

Alphonsine. — Je vois bien maintenant
que le moyen de ne jamais s'ennuyer est
d'étudier l'Histoire naturelle, et surtout la Botanique. — J'ai trouvé quelquefois les journées bien longues ; si j'avais su quels char-
mes on pouvait trouver dans cette étude,
certainement que je ne me serais jamais en-
nuyée.

Le Père. — Le champ de la Nature est
vaste ; en effet, on ne peut le parcourir en
entier, et, à chaque pas, l'on y trouve des occasions de surprise et d'une satisfaction bien
douce, assez semblable à celle que doit
éprouver le navigateur qui découvre un rivage nouveau. Nous allons nous diriger
maintenant en remontant l'allée de Tilleuls
du milieu. A notre droite, se trouve d'abord

un carré destiné à la culture des fleurs et des plantes vivaces ; le carré de l'autre côté du bassin, a la même destination. Là, sous la direction du professeur, les étudians qui suivent le Cours d'*Iconographie* dans la salle des Cours, qui se trouve en face dans le bâtiment neuf, avec la Bibliothèque, ont le droit de se faire donner, par les jardiniers, les fleurs qui doivent leur servir de modèle.

JULES. — Voici une jolie *Pépinière*.

LE PÈRE. — C'est là que l'on cultive et que l'on étudie la nature de tous les arbres qui peuvent être utiles, soit à la navigation, soit à la fabrication des meubles français, au chauffage, à l'ornement de nos jardins, de nos parcs ; ici, on les étudie, on les perfectionne, on en conserve les espèces. Le carré qui suit renferme les *Plantes potagères*, c'est-à-dire celles qui sont utiles à l'économie domestique et rurale. Vous pensez bien que dans un espace aussi restreint, on n'a pu placer que les plantes potagères les plus importantes ; celles dont la culture mérite le mieux d'être étudiée, celles qu'on pouvait espérer de perfectionner. Ce jardin est pourtant d'une très-grande utilité. On les a partagés en un grand nombre de carrés, dans lesquels on a placé différentes espèces, variétés, et races de plantes distribuées, non d'après les systèmes de botanique ; mais d'après les propriétés de ces plantes, et les usages auxquels on les emploie. Là, se trouvent les Végétaux propres à notre nourriture, les *Céréales*......

ALPHONSINE. — Comme le *Blé*, le *Seigle*, etc.

LE PÈRE. — D'où sais-tu cela?

ALPHONSINE. — Parce que je vois que *Céréales* vient de Cérès, déesse des Moissons.

LE PÈRE. — Très-bien, ma fille, je vois avec plaisir que tu sais utiliser tes petites connaissances. On y a renfermé aussi les plantes farineuses et les plantes potagères, qui sont, heureusement pour l'Homme, les plus nombreuses ; les plantes oléifères, qui produisent de l'huile ; enfin, des plantes de fantaisie, mais qui ont cependant rapport à la nourriture de l'Homme, comme l'*Angélique*.

Séparées des premières, on trouve toutes les plantes que l'on cultive pour la nourriture des animaux. Cette classe de plantes est encore fort nombreuse.

EDMOND. — Je remarque avec étonnement, mon père, que toutes les plantes qui sont destinées à la nourriture de l'Homme et à celle des animaux, sont toutes très-petites.

LE PÈRE. — J'aime ton observation, Edmond, et en prends occasion de vous faire admirer de nouveau l'inépuisable sagesse de l'auteur de toutes choses. Oui, toutes les plantes qui servent à la nourriture de l'Homme sont portées sur de petites tiges. Si nous eussions été consultés, nous n'eussions pas manqué de choisir, pour produire notre nourriture, de fort grands arbres, comme le chêne. Voyez, cependant, ce que nous deviendrions, si par suite d'une guerre ou d'un incendie, les grands arbres eussent été détruits, il eût fallu attendre vingt-cinq ou trente années pour rétablir nos moissons; car, c'est à peu près le temps que mettent

les gros arbres à prendre leur développement, tandis que.....

Jules. — Ah! je comprends, les céréales
se reproduisant d'une année à l'autre, nous
n'avons jamais à craindre plus d'une année
de disette.... Cela est admirable.

Le Père. — Comme tout ce que fait Dieu,
mon fils ; remarquez, en outre, que les épis
de toutes nos céréales sont armées de petites
barbes assez aiguës, et assez fortes pour
repousser les atteintes des oiseaux, que ces
barbes leur servent encore comme de petits
toits pour laisser couler la pluie ; enfin, que
leur tige étant très-mince...

Alphonsine. — Je comprends ; les oiseaux
ne peuvent y trouver un appui pour bec-
queter les graines que renferment les épis.

Le Père. — Je suis charmé, mes bons enfans, de l'ardente émulation qui vous anime,
et vous porte à chercher les secrets et les
sublimes intentions du Créateur.

Mais, ce qui ne doit pas moins exciter votre reconnaissance envers lui, c'est le soin
qu'il a pris de rendre possible à toutes les es-

pèces de terres la culture des céréales. Il n'y a point d'endroits sur le globe où il ne puisse croître quelque espèce d'arbre. Voyez, le riz vient à merveille dans les terrains humides des pays chauds. Le millet, le panis, le maïs, aiment les terres chaudes et sèches; le froment convient aux terres fortes; l'orge aux rochers; l'avoine, aux plaines humides; le seigle, aux sables: le sarrazin, aux côteaux pluvieux. Avec le blé, l'Homme suffit au plus grand nombre de ses besoins; sa chaumière est couverte avec de la paille; il peut en nourrir ses Brebis, ses Chevaux, ses Vaches. Il la brûle pour se chauffer; il sait tirer de ses graines toutes sortes d'alimens et de boissons.

JULES. — Je n'ai jamais si bien compris qu'aujourd'hui la grandeur infinie de la Nature.

LE PÈRE. — Ce sentiment doit s'élever encore, et j'espère que cette journée au Jardin-des-Plantes laissera dans votre esprit et dans votre cœur un souvenir ineffaçable.

Le carré où nous entrons, renferme les

plantes médicinales, et celles qui s'emploient dans les arts.

Jules. — Voici tout ce qui reste de l'idée généreuse de Louis XIII.

Le Père. — On n'a pas faussé ses intentions, comme tu vas le voir. Le reste d'ailleurs n'a été qu'un développement nécessaire de la première intention.

Voici la *Casse*, dont les follicules sont légèrement purgatives ; la *Jusquiame*, poison violent qui produit les plus grands ravages pris à l'intérieur ; mais que les médecins emploient cependant avec avantage à l'extérieur. La *Digitale*, qui s'emploie avec succès contre les palpitations de cœur. Le *Pavot*, dont la vertu calmante est assez connue. Le *Tamarinier*, dont les gousses fournissent une pulpe légèrement laxative, que l'on appelle *Tamarin*.

Jules. — Voici des *Champignons :* est-ce qu'on les utilise dans les arts ?

Le Père. — C'est la famille des *Bolets*, dont plusieurs genres servent à fabriquer l'amadou, tels sont le *Bolet amadouvier* et le

Bolet ongulé. Voici, plus loin, la *Salsepareille* qui a des propriétés sudorifiques, et une multitude d'autres plantes employées dans l'art médical. — Vous pouvez aussi remarquer la *Garance;* sa racine offre une belle couleur rouge, dont les teinturiers n'ont pas manqué de tirer parti, en la fixant au moyen d'un mordant. Ils l'emploient à teindre les laines, et depuis quelques années on en fait en France, comme vous le savez, une grande consommation pour la teinture des pantalons de nos soldats. La *Vanille*, qui fournit au commerce l'aromate qui porte son nom. On en fait un grand usage dans la parfumerie et dans l'art culinaire. Puis, la *Menthe*, la *Lavande*, le *Thym*, la *Mélisse*, dont vous connaissez les propriétés aromatiques. Les différentes espèces de *Varecs*, dont on tire l'iode. Enfin, et c'est ici que nous avons lieu de nous glorifier des produits de notre pays, le *Chanvre* et le *Lin*, qui surpassent toutes les autres plantes par leur utilité.

JULES. — Je sais que l'on en fabrique des tissus fort beaux; mais je n'ai pas une idée juste des propriétés de cette plante, et de la manière dont on la fabrique.

Le Père. — Ma réponse à ta demande sera un peu longue ; mais je pense que vous ne regretterez pas les quelques momens d'attention particulière que vous allez me prêter, quand je vous aurai dit tout ce que ces plantes et leur fabrication offrent d'intéressant.

Le Lin, dit Pluche, dans son *Spectacle de la Nature*, peut aller de compagnie avec le Chanvre, quoiqu'il soit beaucoup plus court et plus fin. C'est une plante à peu près de même nature, et dont on fait des ouvrages encore plus beaux. Après qu'on a cueilli le Lin et le Chanvre, en les arrachant de terre, on en expose les tiges au soleil, pour achever de faire mûrir la graine ; on bat ensuite les têtes pour les détacher. Quand on a recueilli la Linotte et le Chenevis, on met les tiges en bottes dans une eau dormante. La plus nette est toujours la meilleure. On les attache à des piquets, et on les y laisse une quinzaine de jours, plus ou moins. Quand le

bois de la tige est à peu près pourri, on retire les bottes, et on les fait bien sécher. Au
lieu de réunir le Lin dans une marre, on
l'expose à la fraîcheur de la nuit et à l'ardeur du soleil, tour à tour; ce qui lui donne
un plus bel œil. Quand le Lin et le Chanvre
sont bien pénétrés, et ensuite entièrement
séchés, on les brise, poignée à poignée, sur
une barcelle. Toute la Chenevotte qui est
comme le dedans, ou le bois de la tige, s'en
va par éclats sous les coups, et il ne reste
dans la main du briseur que l'écorce déta-
chée par grands fils, de toute la longueur de
la tige. On présente ensuite cette poignée de
fils sur une planche dressée d'aplomb, et on
la secoue le long de la planche, en y faisant
souvent passer l'échanvroir, qui est une espèce de palette ou de battoir de bois, pour
achever de faire tomber les moindres pailles
de la chenevotte qui pourraient encore y rester. Tout le bois ou les parties grossières de
la tige sont disparues; les fils de l'écorce
qui demeurent à la main de l'ouvrier, sont
presque nets. On les perfectionne en les pei-

gnant; c'est-à-dire en les faisant passer par de grandes cardes, ou dents de fer, et ensuite par de plus fines pour mettre à part ce qu'il y a de trop épais et de trop grossier. Ce rebut est ce qu'on appelle l'*étoupe*, avec quoi on fait des mèches pour l'artillerie, et même de gros fils pour faire des toiles d'emballage, dont l'utilité est fort grande, puisqu'elles servent pour conserver et mettre à couvert les marchandises les plus précieuses, dans les transports qu'on en fait.

Le Chanvre ayant reçu ses apprêts, on le met en liasse quand il doit être envoyé aux corderies; ou bien, on le met en cordons, s'il est fin et destiné au filage et au tisserand.

Nous voici arrivés à la Quenouille et au Fuseau. Ces mots ne paraissent pas très-nobles; c'est à tort. Je veux vous faire sentir le prix de ce que l'on affecte tant de mépriser. Supposez, pour un moment, que vous êtes Américain, Iroquois, Chinois, il n'importe. Quelle serait votre surprise, si je vous disais qu'il y a dans notre Europe, une petite plante dont le fruit est bon pour nour-

rir plusieurs espèces d'oiseaux, pour faire
une espèce de pain dont on engraisse les
Bœufs, et pour faire une huile, qui sert à
éclairer une multitude infinie de familles.
Que dans ce pays, les femmes, pour l'ordinaire, plutôt que les hommes, prennent soin
de détacher l'écorce de cette plante ; et qu'elles en fabriquent ces grandes voiles, au moyen
desquelles nos vaisseaux vont porter nos marchandises à l'autre bout du monde, et en
rapportent ce qui nous manque ; qu'avec la
même écorce, on fait les câbles énormes qui
soutiennent les ancres, qui pèsent jusqu'à
vingt mille livres ; qu'on en fait des cordes,
des sangles, et des ficelles ; toutes choses
d'un usage universel et perpétuel dans la navigation, dans le commerce, dans le laboura-
ge, dans le ménage, etc ; que la même écorce
sert à faire les tentes sous lesquelles se tiennent nos soldats en temps de guerre ; que
nous en faisons le plus bel ornement de nos
tables ; que nous en faisons un habit de jour
et de nuit, qui nous tient dans une parfaite
propreté, et contribue à la santé de nos

corps, comme l'usage du bain, auquel il a succédé, et dont il nous épargne les embarras et les apprêts. Qu'enfin, cette écorce, suivant l'apprêt qu'on lui donne, devient le plus bel ajustement des rois, ou l'habit qui couvre, à moins de frais, le laboureur et le berger! Dans quel étonnement seriez-vous, et quelle admiration ne sentiriez-vous pas devant la merveilleuse utilité de cette petite plante; sans doute, vous la considéreriez comme la production la plus étonnante et la plus belle prérogative du pays où elle croît.

JULES. — Je comprends maintenant que nous n'avons, de ce côté, rien à envier aux nations étrangères, qui nous semblent le plus favorisées de la nature, et dont aucune ne possède une plante qui puisse fournir à tant et de si divers usages, et avec laquelle on fabrique de si beaux tissus.

En descendant la deuxième allée de Tilleuls, du côté de la rue de Buffon, la famille eut occasion de passer devant le petit Bois et la Pépinière. M. Legendre prit occasion de faire remarquer à ses enfans l'utilité des pépinières; il leur signala, dans cet enclos une multitude d'arbres jadis exotiques, aujourd'hui naturalisés en France. Cette conquête, leur dit-il, faite par la France sur les autres contrées; ce trésor, arraché par l'art à la Nature; larcin heureux, auquel celle-ci semble sourire, puisqu'elle le sanctionne; ces bosquets d'arbres de divers climats, naturaralisés français, pourraient être présentés avec orgueil aux ignorans qui jouissent des bienfaits de la Botanique, sans savoir à qui ils les doivent, quelquefois même en médisant des bienfaiteurs. Que de gens, qui ne voyant dans cette science qu'une étude de mots, une vaine nomenclature, ignorent qu'elle ne se compose que de faits dont la recherche est une suite de plaisirs, puisqu'on ne peut faire un pas dans un jardin, ou hors de l'enceinte des villes, sans éprouver sans cesse de nouvelles jouissances.

L'enclos qui suit est destiné à la culture de toutes sortes de fleurs; là, elles sont rangées, non par ordre; mais suivant les saisons dans lesquelles elles fleurissent; ear, la Na-

ture n'a pas pris soin seulement de nos besoins, mais encore de nos plaisirs. Voyez,
en effet; la plupart des fleurs étant chargées
d'embellir la demeure de l'Homme, au moins
pour un temps, elles se gardent bien de s'y
montrer toutes de compagnie, ni dans les
mêmes mois. Les fleurs, en se succédant,
forment comme une guirlande, riche et variée, suspendue par la Nature autour du
Temple des Saisons. Le printemps nous fait
voir les *Primevères,* les *Violettes,* les *Jacynthes,* les *Oreilles d'Ours,* les *Narcisses,* les
Lilas, les *Tulipes.* L'été nous montre les
Boutons d'Or, les *Bluets,* les *Thlaspis,* les
pavots, les *OEillets.* L'automne nous étale ensuite les *OEillets d'Inde,* les *Belsamines,* les
Colchiques, et cent autres espèces. L'hiver,
ramenant les frimats et les brouillards, baisse
enfin son noir rideau sur la nature, et nous
en dérobe quelque temps le spectacle ; mais
en nous faisant souhaiter le retour de la verdure et des fleurs, il procure quelque repos
à la terre épuisée par tant de travaux.

Pendant cette petite digression. la famille

s'était approché du Café-Restaurant, qui se trouve au milieu de ce côté du Jardin ; avant d'arriver au Cabinet de Minéralogie, comme la journée n'était pas encore fort avancée, et que M. Legendre voyait qu'ils auraient le temps d'achever leur visite au Jardin-du-Roi, il voulut faire une petite station, et faire rafraîchir ses enfans, qui en accueillirent avec joie la proposition. Pendant ce court intervalle, on s'entretenait, bien entendu, de tout ce qu'on venait de voir ; chacun mettait en avant ses goûts et ses prédilections ; celui-ci se prononçait pour les animaux utiles ; cet autre, pour les merveilleuses plantes exotiques qui venaient de passer sous leurs yeux. Mais Jules, guidé sans doute par un sentiment de patriotisme louable, donna hautement la préférence au Chanvre et au Lin. M. Legendre les mit d'accord en leur faisant comprendre que la Nature a doué chaque climat des animaux et des végétaux qui lui sont les plus convenables, et qu'enfin, la fraternité entre les hommes, et les besoins du commerce, échangeant, pour les productions d'un pays celles qui viennent d'un autre, toutes choses se trouvaient ainsi balancées, les avantages également répartis entre toutes les nations, et toutes appelées à jouir des mêmes faveurs.

Mais les enfans, impatiens de visiter le reste du Jardin-du-Roi, se levèrent les premiers, quittant la table et le Restaurant, et excitant leurs parens à se rendre au Cabinet de Minéralogie, qui se trouvait presque à côté d'eux. M. Legendre, souriant de l'empressement de ses enfans, se rendit à leurs désirs, et l'on entra au Cabinet de Minéralogie.

Ce nouveau bâtiment, d'un aspect monumental, est un des plus beaux de ceux que renferme le Jardin-du-Roi. L'architecture en est d'un goût délicat et sévère, la façade imposante et les distributions bien comprises et bien appropriées à sa destination. En entrant, les enfans furent surpris de la merveilleuse propreté qui règne dans cette vaste galerie ; ils admirèrent la distribution intelligente de l'intérieur qui se divise en deux galeries; l'une inférieure, qui se trouve de plein-pied avec l'entrée, renferme les objets dont l'intérêt se fait sentir plus directement dans les arts et dans l'industrie; l'autre supérieure, à laquelle on parvient par plusieurs escaliers qui se correspondent. Ces galeries supérieures contiennent tous les objets qui bien que fort intéressans à la science, sont néanmoins d'un intérêt moins immédiat dans les arts et dans l'industrie. M. Legendre commença naturellement sa visite par les armoires qui se trouvent à gauche en entrant.

Le Père. — Admirez d'abord ce superbe morceau de *Quartz-Hyalin.*

Jules. — N'est-ce pas ce que l'on appelle vulgairement *Cristal de Roche?*

Le Père. — Les Quartz-Hyalin prennent, en effet, le nom de cristaux de roche quand ils se présentent sous la forme limpide et transparente que vous voyez à cet échantillon.

Alphonsine. — Est-ce qu'ils peuvent se présenter sous une autre apparence?

Le Père. — Certainement, ma chère enfant, ils se présentent sous des formes et sous des couleurs extrêmement variées. Ils sont souvent colorés par des substances qui n'en altèrent pas la transparence. Pour le Minéralogiste, c'est toujours du Quartz-Hyalin auquel il ajoute le nom de la couleur; mais le vulgaire des hommes ignore généralement que certaines pierres prennent le nom de pierres précieuses; ainsi le *Saphir d'eau* ou *Saphir occidental*, est du cristal de roche *bleu;* le *rouge* se nomme Rubis de Bohême ou de Silésie; le *jaune*, la Topaze occidentale ou de Bohême; le *brun* est la Topaze enfumée; le *vert obscur* est ce que les Allemands appellent la *Praze;* l'*Hyacinthe de Compostelle* est un cristal de roche d'un rouge sombre; lorsque la substance est informe, c'est le *Sinople*.

EDMOND. — Est-ce qu'on les trouve avec toutes ces belles couleurs?

LE PÈRE. — Ici l'art vient encore à l'aide de la Nature : on a remarqué que les cristaux de roche colorés perdaient toute leur coloration au feu; ainsi, pour les cristaux de roche jaune par exemple, on les obtient ordinairement en chauffant certains cristaux noirs dans un creuset avec du sable.

Madame Legendre. — Je suis sûre qu'Edmond regrette bien de n'avoir pas à sa disposition l'échantillon d'*Aimant* que voici.

Edmond. — Comme il est gros! Je n'en ai jamais vu de semblable.

Le Père. — Jules, à quoi trouves-tu que ressemble l'Aimant?

Jules. — Mais au Fer, je crois.

Le Père. — L'Aimant n'est, en effet, que du fer peu oxidé. On en obtient du fer excellent. L'armoire qui suit nous présente des *Calcaires*, nom général dont on se sert pour désigner toutes les pierres dont la chaux est la base; comme le marbre, l'albâtre calcaire, la pierre à bâtir, la pierre à chaux, la craie, etc.

Alphonsine. — Ce sont des Minéraux bien communs.

Edmond. — Heureusement pour nous. Ne les méprise pas tant, puiqu'ils servent à bâtir nos maisons et à les orner.

Le Père. — Edmond a parfaitement raison, et l'on peut regarder tous les *Calcaires* comme les minéraux les plus utiles aux arts et à l'industrie. Vous verrez ici de très-beaux échantillons de toute espèce sur lesquels nous n'aurons pas besoin de nous arrêter. Rappelez-vous seulement qu'on les range sous le nom de *Calcaires*. Voici, placés à la suite les uns des autres, de nombreux échantillons de Cuivre et de Fer dans tous les états sous lesquels le Fer se présente naturellement; car, bien qu'il se trouve abondamment à l'état natif, comme on l'emploie à une multitude d'ouvrages, on est obligé de le chercher encore dans ses combinaisons avec le Soufre et l'Oxigène. Le *Cuivre*, dans cet état, prend le nom de *Cuivre pyriteux*, ou de *Pyrite de Cuivre*.

Jules. — Les échantillons de Fer sont aussi bien nombreux, et portent des noms bien variés.

Le Père. — Ce métal, dont Alphonsine semblait faire peu de cas, est le plus utile de tous, et souvent même brille d'un éclat qui ne le cède à celui d'aucun métal. Vous connaissez un grand nombre de ses usages, vous savez qu'on l'emploie pour en faire des instrumens aratoires, tranchans, des marteaux, etc.; mais ce que vous ne savez pas, c'est que la peinture en tire une multitude de couleurs, telles que le *noir*, le *bleu*, le *vert*, le *jaune*, le *rouge*, le *rose*. C'est lui qui donne leurs riches teintes à la plupart des pierres précieuses. Il sert à faire l'encre à écrire et l'encre d'impression; il fournit à la médecine plusieurs préparations utiles.

ALPHONSINE. — Je rends au Fer toute mon estime.

LE PÈRE. — Tu as grandement raison.

Le Fer ne se présente à l'état natif que dans les *Aérolithes*, ou pierres tombées du ciel, comme nous en verrons tout-à-l'heure. Tout le Fer du commerce se retire des combinaisons qu'il forme avec l'Oxigène et le Soufre. Dans ce dernier cas, il prend le nom de *Pyrite martiale* ou *ferrugineuse*. En voici un échantillon dans la case voisine. Les suivantes contiennent tous les Minéraux rangés sous le nom de *Silex* (Caillou.) Dans ce genre, se trouvent des pierres remarquables par leur utilité, plus que par leur beauté ; et d'autres qui attirent plus l'attention par leur beauté que par leur utilité. Parmi le *Silex*, on range les *Agathes*, les *Calcédoines*, les *Sardonix* et les *Cornalines*.

ALPHONSINE. — On en fait, je crois, de très-jolis bijoux, tels que des cachets, des bracelets, etc.

MADAME LEGENDRE. — On en fabrique aussi des Camées et des Mosaïques, et une foule de petits ornemens du même genre.

LE PÈRE. — Ces Silex sont fort jolis, sans doute ; je leur préfère cependant le *Silex py-romaque*, ou *Pierre à Fusil ;* le *Silex molaire*, ou *Pierre meulière*, avec laquelle on fait les Meules, et le *Silex grenu*, ou *Grès*, que l'on emploie pour la construction des maisons, et le pavage des rues.

JULES. — Voici des *Gypses* façonnés. Cela fait de fort jolis meubles ; est-ce un minéral fort rare ?

LE PÈRE. — Le Gypse est loin d'être rare,

puisque c'est un Calcaire, on le nomme plus généralement *Pierre à Plâtre.*

ALPHONSINE. — Comment ! cette charmante petite coupe n'est que du Plâtre ?

LE PÈRE. — Je n'ai pas dit que ce ne fût que du Plâtre. Le Gypse se présente dans diverses combinaisons. Par exemple, le Plâtre mêlée avec une dose suffisante de colle forte produit le *Stuc.* On distingue d'ailleurs plusieurs variétés de Gypse. Le *Gypse spéculaire* qui prend son nom de sa transparence, et qu'on nomme ordinairement *Miroir d'âne,* servait de vitres aux anciens qui ne connaissaient pas les vitres de verres. — Le Gypse compacte ou *Albâtre,* dont voici des échantillons ; enfin le Gypse commun, qui sert à fabriquer le Plâtre.

EDMOND. — Voici le portrait de Buffon et celui de Napoléon.

LE PÈRE. — La couleur jaune doit te faire soupçonner la nature du minéral dont on s'est servi pour obtenir ces empreintes.

EDMOND. — C'est du Soufre, je crois.

LE PÈRE. — Cela n'est pas malaisé à deviner. Vous voyez ici une des manières dont on peut utiliser le Soufre ; mais il n'a pas que cet usage seulement : il entre dans la composition de la poudre à canon ; il sert à soufrer les allumettes ; enfin il est employé en médecine pour le traitement des maladies de la peau. Le Soufre se trouve pur dans beaucoup d'endroits ; mais très-souvent aussi on le trouve combiné avec les métaux.

Madame Legendre. — Je ne sais pas ce que c'est que le minéral suivant ; mais j'en connais bien les effets dangereux : l'*Arsenic* est un violent poison.

Le Père. — C'est le plus pernicieux des Minéraux ; aucun contre-poison n'en peut neutraliser les effets ; le seul moyen est de l'expulser du corps ; on le reconnaît cependant à une saveur amère qu'il apporte à tous les alimens dans lesquels il est entré. Cette amertume est un premier avertissement, et, pour s'assurer de sa présence, il suffit d'en prendre une pincée et de la jeter sur des charbons ardens ; il se dégage alors une forte odeur d'ail et des vapeurs blanchâtres.

Edmond. — Il me semble qu'on devrait le proscrire et en défendre la recherche.

Le Père. — Cela serait difficile; car si l'Arsenic a de fâcheuses propriétés, il en a aussi d'excellentes; il sert à fondre le Platine; la médecine en tire parti; enfin les teinturiers s'en servent souvent comme d'un mordant pour fixer les couleurs; les vétérinaires l'emploient comme caustique pour détruire les chairs, rendre les plaies plus belles, et en hâter la guérison.

Jules. — Comment une chose aussi pernicieuse peut-elle produire de si heureux effets?

Le Père. — C'est le secret de la science de savoir trouver dans les matières les plus funestes, des sources de bien et de bien-être. Il en est ainsi de tout, et même des hommes; le plus mauvais en apparence renferme encore des qualités souvent essentielles dont on pourrait tirer grand parti, si l'on voulait se donner la peine de les étudier. Les échantillons suivans présentent l'*Étain* à divers états. Les anciens le connaissaient et le désignaient sous le nom de *Plomb blanc.* L'Étain a, en effet, plusieurs analogies avec le Plomb.

MADAME LEGENDRE. — Sans être savante. je regarde l'Étain comme un métal fort important, et toi, Alphonsine?

ALPHONSINE. — Oh! moi aussi, maman, puisque c'est avec cela qu'on étame tous les ustensiles de cuisine qui, sans cela, prendraient le vert-de-gris.

LE PÈRE. — On en fait aussi des cuillères, des fourchettes, des gobelets, etc.; il entre dans la composition de l'Airain, du Bronze. de la soudure des ferblantiers.

JULES. —Voici des échantillons de *Talc* et plusieurs petits objets qui en sont faits; il a beaucoup de ressemblance avec le Marbre; est-ce aussi un *calcaire?*

LE PÈRE. —Non, le Talc est un siliceux; on en distingue plusieurs sortes; la *Pierre ollaire* qui sert à la fabrication de diverses espèces de poteries. et peut même être travaillée au tour comme la *Terre glaise.* La *Serpentine,* ordinairement d'un vert poireau. plus dure que la Pierre ollaire, sert à faire des vases. des so—

cles, etc., la *Stéatite* qui a une apparence de savon, et qu'on appelle aussi *Craie de Brian-çon*, enfin le Talc de Venise ou *Laminaire*, substance douce et onctueuse que l'on colore avec la plante appelée Carthame, et que l'on vend ensuite sous le nom de rouge ou fard.

ALPHONSINE. — Qu'est-ce que le *Manganèse*, mon papa?

LE PÈRE. — C'est un métal qui présente quelques analogies avec le fer, mais il a beaucoup moins de résistance et de ductibilité; aussi l'emploie-t-on fort peu dans les arts; mais on l'utilise dans la fabrication du verre auquel il donne plus de transparence; on l'emploie dans la fabrication du Chlore et de l'Eau de Javelle. C'est une découverte de la Chimie moderne; jusque-là, on le regardait comme une espèce de Fer de mauvaise qualité.

Arrivés à cet endroit, nos jeunes promeneurs s'extasièrent devant des tables de Marbres variés, d'Albâtre, des vases de Cristal-Hyalin diversement nuancés, des Pierres siliceuses employées avec art; du *Jaspe* de différentes espèces : *Jaspe rubanné*, *Jaspe agaté*, *Jaspe onyx*, *panaché*, *veiné*, etc., etc. ; mais ils admirèrent surtout le *Jaspe fleuri*, panaché de trois couleurs ; le *Jaspe universel*, d'un plus grand nombre ; le *Sanguin* qui a des taches rouges sur un fond vert, et le *Jaspe héliotrope* qui diffère peu de celui-ci, et se rapproche des Agates par une légère transparence : une magnifique cuillère de *Jade*, substance verdâtre qui a un œil gras et une grande dureté ; des tablettes polies qui présentent les plus jolies variétés d'*Agates*, de *Marbres*, de *Pouddings*, ou cailloux agglutinés par une pâte dure qui prend un beau poli, des vases à fleurs en *Lazulite*.

Jules. — J'avais toujours regardé l'*Amiante* comme une substance végétale, et je suis étonné de la trouver classée parmi les Minéraux.

Le Père. — L'Amiante, qui n'est qu'une sorte d'Asbeste, est pourtant bien un minéral.

Edmond. — Un minéral avec lequel on fabrique des toiles, car en voilà ici !

LE PÈRE. — Cela paraît fort étrange, je l'avoue ; aussi beaucoup de personnes refusent-elles de la classer dans le règne inorganique. Cependant, il suffit pour confondre tous les doutes, de remarquer son inaltérabilité au feu, son tissu fibreux et sa couleur argentine. L'Amiante se file comme le Lin et le Chanvre, et on en fait des toiles, comme l'a fort bien remarqué Edmond. Les anciens la recherchaient beaucoup ; ils en fesaient des suaires dont ils enveloppaient les morts pour les brûler ; le feu réduisait les corps en cendres sans attaquer l'Amiante qui les contenait. On conserve à Rome, dans la Bibliothèque du Vatican, un suaire de cette substance qui renferme encore des cendres et des os. Aujourd'hui on en fait des mèches incombustibles, du papier, et même des dentelles d'un prix fort élevé ; on les nettoie en les jetant au feu.

ALPHONSINE. — Voilà un blanchissage facile. et qui ne coûte pas cher.

MADAME LEGENDRE. — Et surtout qui ne demande pas grand temps.

Edmond. — Moi, je voudrais bien avoir des cahiers d'Amiante; je sais comment je les utiliserais.

Madame Legendre. — Je comprends, tu réparerais ainsi avec facilité les nombreuses taches d'encre....

Edmond. — Autrement dit, *pâtés*, que j'y fais souvent.

Le Père. — Le *Plomb*, dont vous voyez à la suite plusieurs mines, se rencontre rarement pur à l'état natif, le plus souvent il est joint à la Chaux ou au Soufre. C'est un des métaux qui, dans ses mines, se présente sous les couleurs et les formes les plus variées ; on peut même dire les plus agréables ; mais c'est principalement à l'état de Plomb sulfuré en cristaux qui ont la forme d'un cube (d'un dé à jouer) qu'on le trouve en quantités considérables ; c'est ce que les mineurs appellent la *Galène*. Plusieurs des mines d'Europe, que l'on désigne sous le nom de mines d'Argent, ne sont, à proprement parler, que des mines de Plomb, puisqu'elles contiennent rarement plus d'une partie d'argent sur cent de ce dernier métal; mais là, comme dans le monde, l'éclat passe avant l'utilité.

ALPHONSINE. — C'est donc un métal très-utile?

LE PÈRE. — Avec lui, on fabrique les balles de nos soldats et même le plomb de chasse; on en fait aussi une quantité de petits ustensiles; mais, sa plus grande importance est surtout dans les arts; c'est avec lui que la médecine prépare l'*Extrait de Saturne*, qui n'est autre chose que la combinaison artificielle de ce métal avec l'*Acide acétique* ou Vinaigre. Le *Blanc de Plomb* ou *Blanc de Céruse*, la *Litharge*, le *Massicot*, le *Minium*, si souvent employés en peinture, ne sont aussi que des combinaisons du Plomb avec différens gaz; on doit user de grandes précautions en les préparant, car elles dégagent des vapeurs qui produisent cette cruelle maladie connue sous le nom de *Colique de peintre* ou *de Plomb*.

Le *Kaolin*, dont vous voyez des échantillons, n'est que du *Feldspath* (espèce de silice), décomposé dans l'intérieur du globe. C'est une terre assez fine, qui est susceptible de se transformer en pâte, et peut servir à la fabrication de la porcelaine.

EDMOND. — Que veut dire le nom d'*Argiles plastiques*, donné aux Minéraux qui suivent?

LE PÈRE. — C'est que l'on distingue les Argiles en deux espèces : celles qui servent à fabriquer les poteries et qui sont les plus grossières, et celles qui servent aux mouleurs, aux statuaires, en un mot, qui s'utilisent dans toutes les branches de cet art d'empreinte et d'imitation, que l'on nomme la *plastique*.

ALPHONSINE. — Qui s'imaginerait que ceci est de l'Argent?

LE PÈRE. — Celui qui s'imaginerait que ceci est de l'Argent, se tromperait en effet; mais, s'il croyait qu'on peut en extraire, il aurait raison. L'*Argent* est ici combiné avec l'*Antimoine* et plus loin avec le Soufre, ce qui le ramollit tellement, qu'on pourrait le couper avec un couteau.

JULES. — Est-ce qu'on ne trouve pas de l'Argent pur?

Le Père. — Oui, mon ami ; la France en possède plusieurs mines où on le trouve pur : la plus fameuse est celle de Sainte-Marie, dans le département des Vosges, dont on extrait assez souvent des masses de cinquante à soixante livres.

Edmond. — Quant aux usages de l'Argent, je les connais ; on en fait de la monnaie, des bijoux, des couverts, des timballes, de la vaisselle plate, et une foule d'autres petits ustensiles.

Le Père. — C'est très-bien, tu en connais une partie, mais tu ne connais pas tout ; et tu serais sans doute fort étonné, si je tè disais qu'on emploie aussi l'Argent en médecine.

Edmond. — En médecine !

Le Père — Et même dans les feux d'artifices.

Edmond. — Je ne m'en serais jamais douté.

Le Père. — Avant de sortir d'ici, tu apprendras encore bien des choses, dont tu ne te doutes guère non plus ; la médecine emploie fréquemment le *Nitrate d'Argent* ou

Pierre infernale, comme caustique pour empêcher le développement des chairs baveuses qui se forment sur les plaies, et pour en accélérer la cicatrisation.

JULES. — Cet usage répond à celui de l'Arsenic pour les animaux.

LE PÈRE. — La réflexion est juste.

EDMOND. — Mais, comment peut-on s'en servir dans les feux d'artifices?

LE PÈRE. — La poudre d'Howard, la plus fulminante que l'on connaisse encore, puisque le moindre frottement suffit pour la faire éclater, se prépare avec de l'Argent, de l'Acide nitrique et de l'Alcool.

ALPHONSINE. —Oh! de l'*Or !* Un gros morceau d'Or !

LE PÈRE. — Vous le voyez ici sous toutes les formes où il se rencontre. Le voici mêlé à l'Argent ; plus loin, il se présente sous la forme de petits cristaux ; enfin, en petites masses, qui prennent le nom de *Pépites.* C'est, sans contredit, le plus beau des métaux. Sa qualité la plus précieuse, est cette grande ductilité qui le rend propre à recouvrir les subtances les plus communes, et à leur donner ainsi une partie de son éclat. Cette ductilité ou propriété de s'étendre, est telle qu'un seul grain peut se tirer en un fil de plus de cinq cents pieds. Une autre propriété qui n'appartient qu'à ce métal, c'est une extrême inaltérabilité ; l'air et l'eau n'ont pas d'action sur lui ; et la plupart des acides même ne l'attaquent pas.

JULES. — C'est sans doute sur cette inaltérabilité qu'est fondée l'emploi de la *Pierre de touche*. J'ai vu que l'on frotte sur cette pierre l'objet que l'on veut éprouver, et qu'ensuite on y passe de l'eau forte pour voir si elle enlèvera les traces que l'on y a laissées ; dans ce cas, l'objet éprouvé n'est pas en or.

LE PÈRE. — Tu as fort bien compris l'usage de la Pierre de touche. Après l'Or, le métal le plus précieux, est le *Platine*, que l'on appelle aussi *Or blanc*. Sa valeur est environ de quatre fois plus grande que celle de l'Argent, et de quatre fois moindre que celle de l'Or.

JULES. — N'est-ce pas avec ce métal que l'on fait les bassinets des fusils ?

LE PÈRE. — Son infusibilité le rend propre à cet usage. La température la plus forte que produisent nos fourneaux, ne peut fondre ce métal; il résiste à tous les acides; l'*Eau régale* peut seule le dissoudre. On en fait des pointes de paratonnerre, des creusets pour fondre certains minéraux, des chaudières et des alambics pour chauffer et distiller les acides qui attaquent les autres métaux.

ALPHONSINE. — Ce métal est-il fort rare ?

LE PÈRE. — Très-rare, ma petite fille; on ne l'a trouvé jusqu'à présent qu'en Amérique et dans les monts Ourals, où il accompagne toujours les mines d'Or; il se présente sous la forme de petits grains rarement plus gros qu'un pois; cependant on en trouve quelquefois des *Pépites* de la grosseur d'un œuf de Pigeon et même de Poule.

ALPHONSINE. — Vois donc, maman, les magnifiques *Pierres;* il y en a de toute espèce, sous le titre de *Corindons, Topazes, Émeraudes, Améthistes;* il y a là de quoi faire une superbe boutique de joaillier.

LE PÈRE. — Il ne suffit pas de les admirer,

il faut en connaître aussi la nature. L'*Alumine* fait la base de presque toutes ces belles Pierres qui causent ton admiration; on range parmi les Corindons, les variétés que vient de citer Alphonsine; mais il faut y joindre aussi le *Spath adamantin*, qui, moins limpide et moins brillant que les autres, est cependant plus utile. C'est avec le Spath adamantin que l'on fait cette poussière si fine connue sous le nom d'*Émeril*, qui sert à polir les pierres précieuses. Quant au Diamant si recherché, et dont le prix est toujours si élevé, ce n'est pourtant que du *Carbone*, mais à son état de plus grande pureté; c'est le plus dur de tous les Minéraux; il entame tous les autres, et n'est entamé par aucun. On ne peut le polir qu'avec sa propre poussière. Les plus beaux Diamans sont ceux qui sont parfaitement transparens; on dit alors qu'ils sont d'une très-belle *eau*. Viennent ensuite les *roses*, les *oranges*, les *jaunes*, les *verts*, les *bleus* et les *noirs;* vous les voyez ici rangés dans cet ordre, et suivant le prix que l'on attache à chacun d'eux.

MADAME LEGENDRE. — Voilà une armoire bien précieuse.

LE PÈRE. — Précieuse pour toi, ma chère amie, et pour les personnes du monde ; mais, pour le naturaliste, il est une sorte de produits naturels qui, sans prix pour tout autre, sont inestimables pour lui.

JULES. — Voilà une chose fort extraordinaire : une *Pierre météorique* tombée du ciel à Caille, près de Grasse, dans le département du Var. Si je ne voyais ce fait affirmé ici, je ne l'aurais jamais cru.

LE PÈRE. — Cela paraît fort incroyable en effet ; l'on n'a encore donné à ce phénomène, que des explications trop conjecturales pour que je vous les répète ; mais la chute des Pierres météoriques est un fait aujourd'hui authentique, et dont on ne peut plus douter. C'est dans ces seules Pierres que l'on trouve le Fer pur, à l'état natif.

ALPHONSINE. — Je croyais les *Eaux de la Mer* beaucoup plus foncées en vert que celles que je vois ici.

EDMOND. — Cela vient peut-être de ce que

le repos a précipité au fond du vase les élémens qui lui donnent cette couleur ; car, le fond du vase est d'un vert beaucoup plus foncé.

Jules. — Cela me paraît une très-heureuse idée de conserver ici des échantillons des Eaux de toutes les mers ; cela permettra, dans quelques années, de faire des études sur les modifications qu'elles auront pu éprouver.

Le Père. — Ton raisonnement est fort juste, et peut aussi s'appliquer aux *Eaux minérales* dont l'armoire suivante renferme des échantillons de toutes les sources connues, ou du moins de toutes celles qui méritent de l'être. Les beaux Corindons que vous avez tant admirés tout-à-l'heure, les voici ici à leur état brut, et tels qu'ils ont été tirés de la terre. Ils ne sont certainement pas brillans. A côté d'eux, vous pouvez admirer des *Jaspes*, des *Agathes*, des *Onyx* travaillés ; ensuite, viennent des *Gyspes* différens à l'état natif.

Jules. — Voilà des échantillons de *Sels*

de différentes espèces ; est-ce qu'on les trouve ainsi tout cristalisés dans la terre?

Le Père. — On ne trouve pas tous les Sels dans la terre à l'état de pureté. L'eau de la mer en renferme une grande quantité, qu'on obtient en la faisant évaporer dans des marais salans; mais il s'en trouve aussi dans le sein de la terre, et il y en a des carrières immenses où il existe des galeries de la plus vaste étendue. Dans celle de Wieliska, en Pologne, on emploie plus de douze cents ouvriers et plus de cent quarante chevaux. Elle fournit annuellement sept cent cinquante mille quintaux de Sel, et cependant depuis plus de six cents ans qu'on l'exploite, elle présente toujours la même fécondité.

Jules. — J'ai vu dans ma Géographie qu'en Lorraine on exploitait aussi plusieurs mines de ce genre.

Le Père. — Remarquez des produits volcaniques : des *Laves*, des *Concrétions salines;* remarquez aussi des *Cartes allemandes* de Géographie en *relief.*

Madame Legendre. — Cela doit être le

moyen le plus sûr de connaître exactement les accidens naturels d'un pays, les vallons, les côteaux, les montagnes.

ALPHONSINE. — Oh! les belles *Tablettes!* Quelle variété de couleurs et de nuances.

LE PÈRE. — Ce sont des *Mosaïques,* où l'on a réuni avec art et méthode les plus belles variétés de Gyspes et de Calcaires.

EDMOND. — Nous pouvons passer rapidement les armoires suivantes; elles ne renferment que de la *Houille.*

LE PÈRE. — Ne te montre pas si dédaigneux, Edmond, et apprends à ne pas te prononcer si promptement. La Houille que tu sembles mépriser, et les productions minérales du même genre, telles que la *Graphite*, l'*Anthracite* et la *Lignite*, sont de la plus grande utilité, puisqu'elles remplacent le bois de chauffage qui ne suffirait pas à la consommation immense qui se fait de combustibles, et, sans ces substances, nous serions bientôt menacés d'une disette totale.

ALPHONSINE. — D'où vient donc la Houille?

LE PÈRE. — La Houille, et les substances

analogues doivent leur origine à des entasse-
mens considérables de végétaux engloutis
pendant les catastrophes qui ont bouleversé la
surface du monde ; mais ce qui va peut-être
vous étonner, c'est que le Diamant qui cau-
sait tout-à-l'heure votre admiration, et la
Houille qu'Edmond traitait si légèrement,
sont de la même nature, et ont tous deux pour
base le *Carbone;* mais dans le Diamant, le Carbone est pur ; tandis que, dans l'autre minéral, il est uni à l'Hydrogène, et quelquefois à
un peu de Fer ou d'Oxigène ; et ce sont ces
Gaz, mêlés au Carbone, qui lui donnent la
couleur noire que vous voyez, et lui ôtent sa
transparence ; ce sont eux encore qui le rendent tendre et cassant, de dur qu'il était, et
lui donne cet aspect huileux qui le rend si
propre à la combustion.

En parcourant ainsi les Galeries d'en bas,
la famille Legendre était revenue à son point
de départ, et se retrouvait devant la porte
d'entrée. M. Legendre fit alors monter ses enfans dans la galerie supérieure ; mais comme les objets renfermés dans les armoires

étaient d'une moindre importance présente pour leur instruction, il les leur fit parcourir rapidement, et sans s'étendre beaucoup sur les explications qu'il leur donnait. Tout le côté droit des galeries supérieures ne contenant presque que des Roches, sous différens titres : tels que *Roches Quartzeuzes, Feldspathiques, Grenatiques, Talcqueuses, Vitreuses, Argileuses, Calcaires, Gypseuses, Anomales,* il leur fit entendre seulement, que, par Roches Quartzeuzes, on entendait les Roches dans la combinaison desquelles le *Quartz* servait de base, et de même analogiquement pour les autres.

La galerie supérieure de gauche leur offrait des objets plus intéressans pour eux : la superbe collection de *Fossiles,* due en grande partie à l'illustre G. Cuvier, et dont il a donné le premier des descriptions exactes.

Jules. — Voudrais-tu bien, mon père, nous dire ce que l'on appelle proprement *Fossiles,* et d'où ils proviennent?

Le Père. — On donne le nom de *Fossilles* à des débris d'animaux ou de végétaux qui, ensevelis dans le sein de la terre au moment des grandes catastrophes dont je vous ai déjà parlé, se sont durcis et pétrifiés, de sorte qu'en creusant la terre, on les retrouve aujourd'hui assez bien conservés pour permettre encore aux naturalistes de reconnaître les individus auxquels ils ont appartenu ; vous voyez ici des débris fossiles d'Ours, d'Éléphans, une mâchoire fossile du *Mastodonte,* sorte d'Éléphant, dont la race paraît entièrement détruite aujourd'hui ; plus loin, une mâchoire de Rhinocéros ; des *Paléothères,* sorte de quadrupèdes assez semblables aux Tapirs ; on en a trouvé une douzaine d'espèces ; l'une d'elles pouvait avoir la taille d'un Rhinocéros, une autre celle d'un Cheval, une autre celle d'un Ane, et, la plus petite, celle d'un Mouton ; il paraît, d'après les couches où l'on a trouvé leurs ossemens, qu'ils devaient habiter les bords des lacs et des marais ; car ces couches renferment en même temps beaucoup de coquillages d'eau douce. Près des Paléothères, remarquez des débris de Chevaux, de Cerfs, d'Aurochs ;

puis une portion du *Megatherium* qui signifie *Grande Bête*. D'après ce que vous voyez, vous pouvez juger du reste, et apprécier la grosseur de cet animal. Voici des portions de divers Cétacés, des carapaces de Tortues, des ossemens de Tapirs et de Crocodiles, des empreintes de Poissons de diverses espèces, puis des portions très-grandes de deux animaux, nommés par G. Cuvier, *Ichtyosaure* et *Plesiosaure*.

JULES. —Je vois à la terminaison de ces deux noms, que les animaux auxquels ils sont appliqués avaient quelque analogie avec les Sauriens, et sont des Reptiles.

LE PÈRE. — Tu sais tirer parti des faits que tu connais déjà, pour juger par rapprochement ou par comparaison ceux que tu ne sais pas encore, et c'est fort bien. L'Ichtyosaure, comme son nom l'indique, était un animal qui réunissait des organes propres aux Poissons et d'autres organes particuliers aux Reptiles ; il avait un museau de Dauphin ou de Gavial, une tête de Lézard, des pattes de Cétacé, des dents de Crocodile, mais au nombre de quatre; enfin les vertèbres, les habitudes et les formes d'un Poisson.

ALPHONSINE. — Si j'en juge par la portion de cet animal, qui est sous nos yeux, il devait être fort grand.

LE PÈRE. — Il pouvait atteindre la taille de vingt à vingt-cinq pieds de long. Le Plésiosaure, dont vous voyez ici d'assez grands débris, était encore plus singulier que l'Ichtyosaure; son tronc était beaucoup plus gros, proportion gardée à sa longueur; il avait la queue plus courte, le cou infiniment plus allongé et presque semblable au corps d'un énorme Serpent, la tête petite, et dont la forme se rapprochait de celle d'un Lézard.

EDMOND. — Tout cela devait faire du Plésiosaure un animal fort étrange, et rien moins que gracieux.

LE PÈRE. — Relativement aux animaux que nous connaissons, le Plésiosaure devait être hideux à voir; nous devons croire pourtant que sa construction était nécessitée par ses habitudes, et par le milieu dans lequel il était destiné à vivre. Avant de quitter le Cabinet de Minéralogie, remarquez tous les *échantillons de terrains* destinés, sans doute, à la Salle de Géologie, et qui occupent les armoires du milieu ; mais comme l'étude de ces terrains serait infiniment trop savante pour vous, nous y reviendrons, quand, par des études sérieuses et mieux entendues, vous aurez acquis une connaissance plus exacte des diverses parties qui constituent l'Histoire naturelle, que nous n'avons fait qu'effleurer aujourd'hui. Avant de quitter cette salle, saluez l'immortel Cuvier, qui, par des travaux d'une étendue immense et qui demandaient autant de persévérance que de génie, a fait une science de ce qui n'était, avant lui, qu'un amas confus et incohérent de notions mal digérées, d'observations incomplètes, source inépuisable d'erreurs et de préjugés ; saluez, mes enfans, saluez l'immortel Cuvier ; et, en contemplant la statue que lui ont élevée ses contemporains, apprenez ce que la société sait faire pour ceux qui la servent ; et comprenez que si elle est honorée par les hommes de talent et de génie, elle sait les honorer à son tour. La société paie par une glorieuse immortalité les services qu'on lui rend. Mais nous voici arrivés au Cabinet de Zoologie. Nous allons commencer notre visite par la salle d'en bas. Remarquez d'abord, des *Polypes* dans toutes les variétés connues; des *Polypes tubiporés*, des *Madrépores*, des *Coraux*. Vous serez, sans doute, un peu étonnés de voir les Naturalistes ranger les Polypes parmi les *Zoophytes* ou *Animaux-Plantes*. Leur bouche est entourée de tentacules, dont la forme et le nombre varient selon le genre. Quant au reste de leur corps, il est toujours allongé et cylindrique, et présente une organisation si simple, qu'on peut le diviser, sans compromettre leur existence, en un très-grand nombre de parties, qui deviennent chacune un animal complet. Le seul organe bien distinct que l'on remarque en eux; c'est une petite cavité intestinale, à une seule ouverture. Encore cette dernière n'est-elle pas absolument indispensable, l'absorption qui s'opère par les pores cutanés, suffisant pour fournir à ces êtres singuliers les alimens nécessaires. Les Zoophytes se reproduisent quelquefois par bourgeons, et alors ils sont susceptibles de devenir des êtres composés, qui jouissent d'une vie particulière et commune, de manière que la nourriture que prend chacun d'eux, profite, tantôt à lui seul, tantôt à la société entière. Dans les cas où ils sont ainsi réunis, ils se construisent une demeure commune, tantôt cornée, tantôt pierreuse; mais toujours solide, à laquelle on donne le nom de *Polypier*. Dans ce dernier cas, ils prennent le nom de *Sympolypes*, tels sont les individus exposés dans les armoires qui sont devant vous; des *Explananaires*, des *Méandrines*, des *Pavonies*, et une foule d'autres, dont la description sortirait du cadre d'instruction que je me suis tracé pour vous.

EDMOND. — Ah! voici des grands Quadrupèdes, des *Pachydermes*, je pense.

LE PÈRE. — Ce sont en effet des Pachydermes de diverses espèces. L'Éléphant, l'Hippopotame ou Cheval marin, que vous devez reconnaître par la description que vous en a faite votre frère Jules. Puis, plusieurs Rhinocéros de diverses espèces, avec une seule corne, ou avec deux cornes sur le nez. C'est un animal très-redoutable, qui livre souvent combat à l'Éléphant; mais ce combat est ordinairement funeste aux deux adversaires qui se tuent l'un l'autre. Le Rhinocéros perce profondément l'Éléphant à l'estomac avec sa corne; mais son ennemi, à son tour, l'étouffe avec sa trompe.

ALPHONSINE. — Est-ce que ce sont des défenses d'Éléphant que je vois ici?

LE PÈRE. — Non, celle-ci est une défense de Narval; elle est facile à distinguer de celle de l'Éléphant, en ce qu'elle est d'un blanc moins pur, et de plus parce qu'elle paraît torse dans toute sa longueur. En revenant, vous pouvez reconnaître un Dauphin empaillé, ce n'est pas le seul que possède le Cabinet de Zoologie. En montant au premier étage, remarquez des peaux de Serpens de diverses espèces, par lesquelles vous pouvez juger de la grosseur des individus à qui elles appartenaient. C'étaient, pour la plupart, des

Boas, des Pithons, des Crotales, et les diverses espèces qui appartiennent à ce genre. Dans la première salle en entrant, à gauche, se trouvent, comme vous le voyez, une multitude de Reptiles et d'Ophidiens, conservés dans l'esprit-de-vin ; des Tortues, dans presque toutes leurs variétés ; dans la salle suivante, des Poissons suspendus au plafond, un Dauphin d'une grande taille ; plus loin, un Requin ; puis, un Narval, ce terrible déprédateur des mers. Dans la salle suivante, examinez ce Caïman, suspendu au plafond. Jules veut-il nous répéter ce que nous avons dit qui se rapporte à cet animal. Il doit se souvenir dans quelle classe nous l'avons rangé.

Jules. — Si je me rappelle bien, le Caïman est un sous-genre de la *famille* des *Crocodiliens*. C'est un *Reptile-Saurien*. On le nomme aussi *Alligator*. Il a le museau large et obtus, et les dents inégales des Crocodiles ; mais ses pieds ne sont qu'à demi-palmés, et leur quatrième dent d'en bas passe par un trou, et non par une échancrure. Les espèces de Caïmans les plus remarquables sont le *Caïman à museau de brochet* et le *Caïman à lunettes.*

EDMOND. — Ah ! voici encore des Singes.

LE PÈRE. — Celui que tu désignes est le Cynocéphale que nous avons vu vivant tout-à-l'heure. D'ailleurs, comme je vous ai parlé déjà de cette classe avec assez de détails, nous ne nous en occuperons plus ; cependant le soin, je dirais presque l'art, avec lequel on les a empaillés, mérite votre attention. On a varié toutes leurs attitudes ; on a choisi celles qui devaient leur être le plus habituelles, celles qui faisaient mieux ressortir les singularités de leur constitution, celles enfin qui pouvaient le plus attirer l'attention de l'observateur.

MADAME LEGENDRE. — Cette salle est presque déserte.

LE PÈRE. — Il ne faut pas s'en étonner. Avant la construction du Cabinet de Minéralogie, le bâtiment que nous visitons maintenant contenait tous les objets qui meublent maintenant les armoires des Minéraux. Cette séparation a dû nécessairement produire des vides ; mais ne vous en inquiétez pas, l'administration saura bientôt les combler.

MADAME LEGENDRE. — Cependant, je distingue d'ici, dans l'armoire vis-à-vis, un *Homard* et une *Langouste*. Je ne serais pas fâchée d'avoir quelques renseignemens sur ces deux espèces si recherchées par les gourmets.

LE PÈRE. — Le Homard est un *Crustacé* du même genre que l'Écrevisse ; mais il est beaucoup plus gros, puisqu'on en trouve qui ont jusqu'à vingt pouces de longueur. Le Homard n'habite que les mers.

EDMOND. — Pourquoi les nomme-t-on *Crustacés ?*

LE PÈRE. — On range sous ce nom tous les animaux dont la peau tient le milieu, pour la dureté, entre la coquille calcaire des *Mollusques,* et l'enveloppe membraneuse des *Vers,* des *Chenilles,* etc. Les anciens les appelaient *Malacostracés,* ce qui veut proprement dire *Coquille molle.*

La Langouste a les plus grands rapports

avec l'*Ecrevisse*, dont elle ne diffère que par le défaut de pinces à toutes les pattes, excepté quelquefois à la dernière paire. La chair de la Langouste est très-estimée, quoiqu'elle soit assez indigeste. Sa taille est généralement grande, et on trouve souvent des individus de plus de deux pieds de long, et qui pèsent jusqu'à quinze livres. C'est surtout au printemps qu'on la pêche, parce qu'à cette époque les Langoustes s'approchent des côtes pour y faire leur ponte.

JULÈS. — Dans la dernière salle, je crois apercevoir d'ici des *Phoques* et des Cétacés de diverses espèces.

LE PÈRE. — Eh bien! nous y pouvons entrer. Voici le Phoque; il n'a rien de bien séduisant dans sa forme, et cependant c'est elle qui a donné lieu au conte absurde des Syrènes, des Tritons et d'autres monstres moitié homme, moitié poisson. Leur tête est arrondie, garnie de moustaches longues et fortes, et assez semblables à celle d'un Chien; leur crâne est vaste et bien développé; leurs yeux sont grands; leurs regards expressifs;

en un mot, toute leur physionomie dénote l'intelligence et la douceur. Ils s'apprivoisent aisément, et parviennent en peu de temps à reconnaître la voix de leur maître, à laquelle ils s'empressent d'accourir ; ils s'attachent tellement aux personnes qui les soignent, que, dès qu'ils les aperçoivent, ils se précipitent vers le rivage, sur lequel ils se traînent péniblement pour leur lécher les pieds , et leur témoigner, par les signes les plus expressifs, leur joie et leur connaissance.

MADAME LEGENDRE. — Je suis vraiment touchée de cette description du Phoque ; il vaut beaucoup mieux que son apparence ; mais d'où a-t-on pu tirer ces contes absurdes dont tu nous parlais tout-à-l'heure ?

LE PÈRE. — Leur tête, vue de loin, offre quelque grossière analogie avec celle d'un homme, et, en y mettant un peu de bonne volonté, on peut lui trouver encore une autre ressemblance avec nous par la forme de ses membres antérieurs, qui présentent l'image ébauchée d'une main ; voilà tout : mais c'est assez pour que des imaginations exaltées ou disposées au merveilleux aient transformé ces pauvres Phoques en déités marines.

Edmond. — Combien de jolies *Coquilles !*

Le Père. — Ceci se rattache encore à l'Histoire naturelle; ce sont des *Mollusques,* qui signifie proprement *Mous ;* leur corps, en effet, est privé de pièces solides qui pourraient le soutenir; il manque donc de consistance, et ne se trouve protégé que par une peau molle et lâche dans laquelle il est enveloppé. C'est dans l'épaisseur, ou à la surface de cette membrane, que se dépose la matière *calcaire* ou *cornée,* qui constitue la Coquille de la plupart de ces animaux. Les Mollusques se subdivisent en un nombre considérable de *familles*, de *genre,* de *sous-genre*, de *tribus*, d'*espèces*. C'est parmi eux, que vous devez ranger l'*Argonaute* que voilà ; ce Mollusque, dit-on, donna aux hommes la première idée d'un navire. En effet, dans les beaux temps, il s'élève à la surface de la mer, et s'y laisse flotter en dressant ses tentacules en guise de voiles. Près de lui, vous remarquez les *Porcelaines* dont on faisait autrefois des breloques et des tabatières ; le *Cauris* qui sert de petite monnaie en Guinée ; les *Pourpres,* dont l'animal fournissait aux anciens cette belle couleur pourpre que nous obtenons aujourd'hui de la Cochenille ; les *Scalaires,* qui ont la forme extérieure d'un escalier tournant, dont les tours de spire sont détachées les unes des autres comme dans un tire-bouchon. Une de ces Coquilles peut valoir jusqu'à 5 et 600 francs ; les *Janthines,* qui voyagent par troupes nombreuses, et répandent la nuit une lumière phosphorique qui offre un beau spectacle ; les *Hélices,* vulgairement appelés *Limaçons, Colimaçons, Escargots...* La plupart sont terrestres, et l'on mange les espèces les plus grosses ; on les emploie aussi en médecine pour les maux de poitrine, et on en fait des cosmétiques qui entretiennent la douceur et la fraîcheur de la peau.

EDMOND. — On pourrait faire, je crois, presque sans peine, des manches de couteau avec les Coquilles que voilà.

LE PÈRE. — Ce sont les *Solens,* nommés aussi *Manches de Couteau ;* on les mange sur nos côtes; les Solens répandent une lumière assez vive dans la nuit.

ALPHONSINE. — En tête de ces armoires, voilà une Coquille qui pourrait bien faire un bénitier.

LE PÈRE. — On les nomme *Tridacnes*, et. mieux encore, *Grandes Faitières*. C'est le plus grand Mollusque connu, puisqu'il y en a qui pèsent jusqu'à trois et quatre cents livres. Les deux grands bénitiers de Saint-Sulpice sont deux valves de Tridacnes.

Nous voici arrivés à ces *Moules,* dans lesquelles on trouve ces excroissances, dont le prix, quand elles sont belles, diffère peu de celui des Pierres précieuses. On les appelle *Perles d'Orient* ou *Perles fines.* Les Moules à Perles sont faciles à distinguer des autres espèces; elles sont fort grandes, plates et presque rondes. Vous avez sans doute remarqués que les Moules ont des filamens, appelés *byssus*, plus ou moins durs, qui sortent près de la charnière; c'est par ce *byssus* qu'elles se fixent aux rochers. Des plongeurs, suspendus à une corde, et tenant une corbeille

fixée par un poids, détachent les Moules à
Perles; cette pêche, qui se fait principalement au cap Comorin, s'afferme fort cher.
On emploie les *valves* de ces Moules à faire
divers ouvrages et ornemens, sous le nom
de nacre de Perles.

MADAME LEGENDRE. — Est-ce que la Moule
à Perle sert seule à cet usage ?

LE PÈRE. — Plusieurs Mollusques à coquilles nacrées offrent le même avantage ; mais
nous en avons dit assez sur les Mollusques.
Montons au deuxième étage où il nous reste
encore bien des choses à voir. D'abord, remarquez en entrant et en tournant à droite, toutes les *familles* d'Oiseaux. Tous les *Echassiers*
connus, rangés par ordres; puis tous les principaux *Gallinacées* ; puis viennent les *Chiens,*
les *Chats,* les *Marsupiaux,* les *Rongeurs,* des
Pachydermes ordinaires, des *Solipèdes,* un
Couagga, un *Cheval baskir;* des jeunes Lapins, des petits Éléphans et Hippopotames ;
tout le genre *Chauve-Souris* par ordres ; en
un mot, tous les individus qui forment les
diverses classes et les différens *embranche-*

mens, *familles*, *genres*, *sous-genres* de l'Histoire naturelle. Comme nous les avons déjà suffisamment étudiés, soit dans nos entretiens sur cette science, soit dans nos visites à la Ménagerie, je vous permets de les examiner, mais je crois inutile de renouveler les explications que je vous ai déjà données. Faites rapidement le tour de cette vaste galerie, je vais vous attendre avec votre mère devant les armoires qui renferment les Insectes, vous m'y viendrez retrouver, et là peut-être trouverai-je encore le moyen de vous intéresser pendant quelques instans, bien que j'aie lieu de vous croire fatigués de la grande attention que vous me prêtez depuis ce matin.

Les enfans profitèrent avec joie de cette permission qui, les rendant à eux-mêmes, leur permettait de prendre entr'eux ce laisser-aller, mêlé de réserve, qui constitue la bonne éducation des enfans lorsqu'ils sont ensemble. Sans doute, il ne serait pas sans intérêt de les suivre dans leur route rapide, peut-être leurs remarques naïves ne seraient-elles pas perdues pour notre instruction ; car tel est le caractère de l'homme vraiment observateur, il sait puiser des enseignemens jusque dans la parole naïve et souvent irréfléchie d'un enfant.

Nos petits visiteurs n'abusèrent pas de la permission qui venait de leur être accordée, et, ne s'arrêtant devant chaque armoire que le temps nécessaire pour saisir la disposition générale de ce qu'elle contient et les individus les plus remarquables, ils furent bientôt de retour auprès de leur bon père ; leur esprit, un peu détendu par la liberté qui venait de leur être permise, avait repris sa première énergie, et ils étaient prêts encore à suivre avec ardeur les observations nouvelles que leur père allait sans doute leur faire : ils étaient curieux d'ailleurs de connaître un peu en détail les beaux Papillons qui, si souvent au jardin, avaient excité leur surprise, et fait naître chez eux le désir de les posséder ; M. Legendre félicita ses enfans de leur bon esprit et de la sagesse avec laquelle ils avaient usé de leur liberté ; puis il entra de suite dans quelques détails sur les Insectes.

Le Père. — Les Insectes se subdivisent en une infinité de *familles* et de *genres ;* ceux qui méritent le plus d'être connus, sont les Lucanes, parmi lesquels se distinguent le grand *Cerf-Volant* ou *Lucane Cerf,* qui doit son nom à ses *mandibules* longues et dentelées qui offrent une certaine analogie avec les bois des Cerfs ; la femelle s'appelle *Biche.*

Les Scarabés, qui vivent dans les terreaux ; le plus connu, est le *Scarabé Hercule,* armé d'une corne longue et recourbée ; les Copris, surnommés *Bousiers ;* les Géotrupes, appellés encore *Stercoraires* à cause de leurs habitudes ; les Cétoines, qui vivent sur les fleurs dont elles pompent le suc ; les Nicrophores, parmi lesquels vous remarquez le *Nicrophore point de Hongrie,* dont le corps est orné de bandes orangées et dentelées ; il doit son nom à l'habitude qu'il a de traîner dans ses trous souterrains, pour les dévorer plus à son aise, les cadavres des Taupes, Rats, etc., qu'il rencontre ; les Gyrins, insectes aquatiques, vulgairement appellés *Tourniquets*, à cause de la vélocité avec laquelle ils tournent dans les eaux des mares. Parmi les CARABES, je vous signale celui-ci qu'on appelle *Carabe pétard* ou *Bombardier ;* lorsqu'on le prend ou qu'il est attaqué par quelqu'ennemi, et surtout par le *Carabe inquisiteur* deux fois aussi fort que lui, il fait usage d'une arme que l'on peut comparer à un canon chargé à poudre ; en effet, le Bombardier lance par son derrière, avec éclat, une petite fumée bleu, et cela jusqu'à quinze ou vingt fois de suite, ce qui suffit souvent pour arrêter l'ennemi, et donner le temps au Carabe pétard d'effectuer une honorable retraite. Parmi les BUPRESTES, voyez, un grand nombre présentent les plus riches couleurs ; les *Taupins* ont la singulière faculté de pouvoir, quand ils sont sur le dos, se remettre sur leurs pattes, au moyen d'un petit ressort, qui, en se débandant, les lance en l'air ; puis, viennent les *Lampyres* ou *Vers luisans ;* les *Cantharides,* qui, réduites en poussière, font des vésicatoires ; des *Coccinelles* ou *Bêtes à Dieu ;* les *Forficules....*

ALPHONSINE. — Mais ce sont les dangereux *Perce-Oreilles !*

LE PÈRE. — Très-dangereux en effet, mais
pour les jardiniers dont ils détruisent les légumes, qu'ils aiment beaucoup mieux que
nos oreilles ; les *Truxales,* les *Mantes,* les
Phasmes et les *Spectres,* dont les formes sont
si bizarres ; ils sont généralement carnassiers,
dévorent les autres Insectes, et quelquefois
se dévorent entr'eux.

EDMOND. —Je connais les Insectes qui suivent ; ce sont des *Demoiselles ;* elles sont revêtues de couleurs magnifiques.

LE PÈRE. — Les *Termés* ou *Termites,* qui
se trouvent à côté, sont des Insectes très-dangereux pour les meubles et les charpentes
qu'elles détruisent à l'intérieur, sans que l'on
puisse le voir. Ces Insectes se forment en société, et se construisent des habitations qui
s'élèvent jusqu'à cinq et six pieds de haut.
Ils se donnent un Roi et une Reine ; là, chacun a son emploi ; les uns sont ouvriers,
les autres guerriers..... Leur police est encore plus admirable que celle des Abeilles.

JULES. — Oh ! voici enfin les *Papillons !*

LE PÈRE. — Examinez d'abord les *Papillons du Ver à soie* ; ils ne sont pas brillans ; mais le plus brillant Papillon ne pourrait cependant l'emporter sur eux pour l'utilité. Vous savez que la *Chenille Bombyx* est précieuse par le cocon qu'elle forme, et dont la substance est devenue un objet très-important d'industrie et de commerce. Voici le *Fulgore porte-lanterne*, qui répand, durant la nuit, une lumière assez vive pour éclairer une chambre.

MADAME LEGENDRE. — Je reconnais plus loin la *Cochenille*, qui fournit la couleur pourpré.

LE PÈRE. — Voici d'autres espèces qui ne sont remarquables que par les dégâts qu'elles causent ; les *Cousins*, si incommodes les soirs d'été ; le *Taons*, qui tourmentent cruellement nos bestiaux ; les *Stomoxes*, qui font des piqûres brûlantes ; les *OEstres*, qui pondent leurs œufs entre le cuir et la chair des chevaux, où ils causent ensuite de grands ravages.

EDMOND. — Oh ! les vilaines *Araignées !*

LE PÈRE. — L'Araignée est parmi les Insectes, ce qu'est le Crapaud parmi les Reptiles ; elle cause un dégoût universel ; mais
remarquez ces *Scorpions* qui ont huit yeux.
Ils sont très-carnassiers ; plusieurs même font
des blessures dangereuses ; car le crochet du
Scorpion a deux petits trous par lesquels se
verse dans la plaie une liqueur transparente. qui est souvent vénéneuse ; cette grosse Araignée dont le corps est velu et l'aspect
hideux, est l'*Araignée de Surinam,* où elle
s'établit sur des arbres ; elle fait la guerre.
non-seulement aux Insectes, mais encore
aux petits *Oiseaux-Mouches,* qu'elle vient enlever dans leurs nids en présence du père
et de la mère, et qu'elle emporte dans son
trou pour les sucer sans en être inquiétée.

ALPHONSINE. —- Excepté les Papillons, je
ne vois rien qui ne me dégoûte dans les Insectes.

LE PÈRE. — Ne te prononce pas si vite, et
rappelle-toi, que c'est parmi eux que nous
avons trouvé le Ver à soie, la Cochenille,
l'Abeille, les Guêpes, les Cantharides, et une

infinité d'autres dont nous tirons de grands avantages.

Ici se borneront nos recherches sur l'Histoire naturelle ; à présent, pour nous délasser un moment, nous allons nous diriger vers le Labyrinthe. M. Legendre n'avait pas prononcé ces paroles que, semblables à des légers oiseaux, les enfans avaient déjà pris leur volée vers l'endroit désigné. Le Père les suivit, en souriant à leur joie naïve, et les retrouva bientôt au pied du grand Cèdre du Liban, rapporté par Bernard de Jussieu, et planté par lui il y a bientôt deux cents ans. De là, par les montuosités sinueuses, ils arrivèrent devant le monument élevé à la mémoire de Daubenton, le laborieux et savant continuateur de Buffon. A cet endroit, il les arrêta pour leur rappeler la reconnaissance que nous devons à l'illustre naturaliste. Cette colonne, leur dit-il, ce simple monument au milieu de ces bois, de ces jardins, au sein de cet établissement qu'il a tant aimés, et à l'embellissement desquels il a si bien contribué, doivent plaire à l'illustre naturaliste,

dont ils rappellent si heureusement les goûts.
Nous voici arrivés au Belvéder ; reposez-vous
un instant, mes enfans, et, après avoir parcouru le monde de la Nature, parcourez aussi le
monde des Hommes ; il faut les connaître
l'un et l'autre ; et c'est d'ici surtout, de cette
hauteur qui domine les plus hauts monumens de la grande ville, d'ici où ses bruits
parviennent à peine, qu'il est bon d'examiner, pour les bien comprendre, les travaux
des hommes, et la marche progressive de l'esprit humain. Voyez vous là-bas, ces deux
tours qui s'élèvent jusqu'au ciel et s'effacent
presque dans les vapeurs de l'horison ; c'est
l'église de Notre-Dame de Paris, c'est le point
de départ d'où sont venues les grandes idées
et les grandes choses ; car tout vient de la Re-
ligion. C'est le plus ancien monument de
Paris, et ce n'est point le moins remarquable. Puis après ce grand Temple du Seigneur,
à votre droite, voici le Palais des Rois, le
grand Louvre et les Tuileries ; au milieu, remarquez le Temple ouvert aux grands Hommes, le Panthéon où se pressent tous les gé-

nies et tous les grands talens ; voyez-vous étinceler le dôme des Invalides, cet hôtel, grand comme une ville, où, dans la paix et dans le bonheur, les défenseurs de la patrie finissent une existence qu'ils lui ont généreusement consacrée ; puis, les Temples ouverts aux sciences, l'Institut de France ; fixez vos yeux sur ce dôme qui est devant vous, ici, la vieillesse pauvre trouve une retraite paisible ; voici l'Hospice de la Charité, asile de la pauvreté souffrante et malade ; derrière vous, se trouve l'Institut des Jeunes Aveugles ; devant vous, l'Institution des Sourds-Muets ; tournez vos yeux de ce côté : voyez-vous cette colonne de fumée qui semble fuir devant vous ; c'est la locomotive des chemins de fer de Paris à Corbeil ; c'est encore une conquête de l'Homme sur la Nature ; la vapeur remplaçant, avec un immense avantage, les puissances mécaniques connues jusqu'à présent.

Devant vous et derrière vous, partout où se portent vos regards, s'élèvent de magnifiques témoignages des progrès de l'humanité. En présence de tant de monumens consacrés au génie, aux talens, au courage, à la science, au malheur, à la faiblesse, à tout ce qui est digne d'admiration et de pitié, vous devez vous sentir fiers de faire partie de ce beau pays que l'on nomme la France, et pleins du désir d'être un jour pour quelque chose dans ce travail immense et toujours continu, auquel votre patrie doit sa gloire et sa suprématie sur toutes les autres nations. Si quelque jour, quand, devenus hommes, vous vous mêlerez parmi les hommes, en leur demandant votre part dans le travail social et dans le bien-être commun, vos intérêts sont lésés, votre cœur froissé, votre esprit abattu par les dégoûts de toute espèce et la lassitude d'une lutte incessante, ne vous fatiguez pas, enfans, ne vous laissez pas aller au découragement, ni au mépris des hommes; mais alors remontez ici, et, du haut de ce Belvéder, parcourez encore, comme vous le faites aujourd'hui, cet immense horizon, d'où l'on n'aperçoit que ce qui peut faire aimer et estimer l'humanité ; cette vue ravivera votre cœur éteint, et ranimera vos forces défaillantes, et

vous comprendrez que si, pris individuelle-
ment, l'homme est faible et petit, bassement
égoïste et méchant, considéré de plus haut,
dans ses agglomérations sociales, et dans le
résultat de ses mille petits mouvemens, qui,
de près, n'inspirent souvent que de la pitié,
il est toujours grand, quelquefois sublime, et
toujours le chef-d'œuvre de celui qui, après
avoir créé le monde entier en cinq jours, fit
le sixième l'Homme à son image, et se re-
posa le septième jour, satisfait de son œuvre,
et, de sa hauteur, la voyant parfaite suivant
ses desseins, et le rôle qu'il lui assignait dans
l'ensemble de toutes les choses.

Les enfans écoutèrent avec recueillement
ces graves paroles de leur père; l'émotion
dont il était pénétré les gagna promptement;
leurs regards étincelaient d'intelligence, et,
de cet éclat que jette par les yeux l'âme,
quand elle s'agrandit tout-à-coup, et s'élève
à des hauteurs qui, jusque-là, lui étaient
inconnues; étonnés de leur propre puissance, et se portant en avant de cet horizon
sans limites, si sombre jusque-là pour eux,

et que leur père venait d'illuminer tout-à-
coup devant eux, ils demeuraient dans le silence, troublés, ravis, confondus; et pensifs,
ils descendirent avec sentiment la colline, re-
passant dans leur esprit tout ce qu'ils avaient
vu et entendu dans un seul jour; mais
cette impression céda bientôt à la légéreté
naturelle à leur âge, et ils recommencè-
rent à babiller entre eux, mais bien bas,
car leur père était resté silencieux et réfléchi :
se tenant tous trois sous le bras, la sœur au
milieu de ses deux frères, ils se demandaient
ce qu'il fallait faire pour bien mériter de la
patrie, et les noms de Buffon et de Cuvier,
des Jussieu, de Bernardin de Saint-Pierre,
repassaient devant eux, illuminés d'une brillante auréole ; et, se trouvant bien faibles et
bien petits devant ces grands hommes, ils dé-
sespéraient jamais de prendre part à ce vaste
travail social, suivant l'expression de leur
père qu'ils avaient sentie, mais non com-
prise. Ils arrivèrent au logis paternel sans avoir
trouvé la solution de leur problème ; à peine
entré, Edmond, plus jeune, et partant plus ex-

pansif que sa sœur et que Jules, demanda à son père, si un homme, pour être utile à la société, devait absolument rendre d'aussi grands services que tous ceux dont ils les avaient entretenus dans la journée.

Chacun, mon fils, lui dit le père, se rend utile à la société suivant les facultés que lui a départies la nature et suivant les moyens que la société elle-même lui fournit. L'un est utile en trouvant un perfectionnement industriel; un autre se montre bon citoyen en consacrant sa vie à soulager ses semblables dans leurs maladies; un troisième mérite l'estime de ses compatriotes en instruisant la jeunesse.

Mais, le meilleur citoyen, et celui qui mérite le mieux la reconnaissance de sa patrie, s'écria avec émotion Alphonsine, doit être certainement un bon père qui prend soin d'élever lui-même ses enfans, qui sait pénétrer leur cœur des sentimens les plus nobles, et leur enseigner, par son exemple, comment on s'acquitte de ce que l'on doit à Dieu, aux hommes et à soi-même!...

En prononçant ces dernières paroles, Alphonsine se jeta au cou de son père, et l'embrassa avec amour ; Jules et Edmond se joignirent à leur sœur, et tous, groupés autour de lui, le remercièrent avec des larmes de bonheur, sentant bien alors ce qu'a si chaleureusement exprimé un de nos plus grands poètes :

> . . . . . Qu'un bon père est un don précieux,
> Qu'on ne tient qu'une fois de la bonté des cieux.
>
> (Ducis, *Hamlet.*)

FIN.

TABLE DES MATIÈRES

DANS CE VOLUME.

Première Partie.

PAGES

OU LES LITHOGRAPHIES DOIVENT ÊTRE PLACÉES.